가르쳐주세요!

통계에 대해서

가르쳐주세요!

통계에 대해서

초판 1쇄 인쇄일 2023년 8월 8일
초판 1쇄 발행일 2023년 8월 17일

지은이 이운영 삽화 새롬
펴낸이 김지영 펴낸곳 지브레인Gbrain
마케팅 조명구 제작 · 관리 김동영

출판등록 2001년 7월 3일 제2005-000022호
주소 04021 서울시 마포구 월드컵로7길 88 2층
전화 (02)2648-7224 팩스 (02)2654-7696
블로그 http://blog.naver.com/inu002

ISBN 978-89-5979-753-0(04410)
978-89-5979-760-8(SET)

- 책값은 뒷표지에 있습니다.
- 잘못된 책은 교환해 드립니다.

노벨상 수상자 시리즈 | 아돌프 케틀레

가르쳐주세요!
통계에 대해서

이운영 지음 새롬 그림

GB
지브레인

추천사

노벨상의 주인공을 기다리며

《노벨상 수상자 시리즈》는 존경과 찬사의 대상이 되는 노벨상 수상자 그리고 수학자들에게 호기심 어린 질문을 하고, 자상한 목소리로 차근차근 알기 쉽게 설명하는 책입니다. 미래를 짊어지고 나아갈 어린이 여러분들이 과학 기술의 비타민을 느끼기에 충분합니다.

21세기 대한민국의 과학 기술은 이미 세계화를 이룩하고, 전통 과학 기술을 첨단으로 연결하는 수많은 독창적 성과를 창출해 나가고 있습니다. 따라서 개인은 물론 국가와 민족에게도 큰 긍지를 주는 노벨상의 수상자가 우리나라의 과학 기술 분야에서 곧 배출될 것으로 기대되고 있습니다.

우리나라의 현대 과학 기술력은 세계 6위권을 자랑합니다. 국제 사회가 인정하는 수많은 훌륭한 한국 과학 기술인들이 세계 곳곳에서 중추적 역할을 담당하며 활약하고 있습니다.

우리나라의 과학 기술 토양은 충분히 갖추어졌으며 이 땅에서 과학의 꿈을 키우고 기술의 결실을 맺는 명제가 우리를 기다리고 있습니다. 노벨상 수상의 영예는 바로 여러분 한명 한명이 모두 주인공이 될 수 있는 것입니다.

《**노벨상 수상자 시리즈**》는 여러분의 꿈과 미래를 실현하기 위한 소중한 정보를 가득 담은 책입니다. 어렵고 복잡한 과학 기술 세계의 궁금증을 재미있고 친절하게 풀고 있는 만큼 이 시리즈를 통해서 과학 기술의 여행에 빠져 보십시오.

과학 기술의 꿈과 비타민을 듬뿍 받은 어린이 여러분이 당당히 '노벨상'의 주인공이 되고 세계 인류 발전의 주역이 되기를 기원합니다.

국립중앙과학관장 공학박사 **조청원**

조청원

필즈상은

수학의 노벨상 '필즈상'

자연과학의 바탕이 되는 수학 분야는 왜 노벨상에서 빠졌을까요? 노벨이 스웨덴 수학계의 대가인 미타크 레플러와 사이가 나빴기 때문이라는 설, 발명가 노벨이 순수수학의 가치를 몰랐다는 설 등 여러 가지 설이 있어요.

그래서 1924년 개최된 국제 수학자 총회(ICM)에서 캐나다 출신의 수학자 존 찰스 필즈(1863~1932)가 노벨상에 버금가는 수학상을 제안했어요. 수학 발전에 우수한 업적을 성취한 2~4명의 수학자에게 ICM에서 금메달을 수여하자는 것이죠. 필즈는 금메달을 위한 기초 자금을 마련하면서, 자기의 전 재산을 이 상의 기금으로 내놓았답니다.

필즈상은 현재와 특히 미래의 수학 발전에 크게 공헌한 수학자에게 수여되며 수상자의 연령은 40세보다 적어야 해요. 그래서 필즈상은 노벨상보다 기준이 더욱 엄격해요. 일본은

필즈상 메달

3명의 수학자가 받았고, 중국에서도 수상자(무국적자 상태)가 나왔지만 우리나라는 현재 수상자가 없으며 한국계 미국인인 허준이 교수가 2022년 수상했어요.

어린이 여러분! 이 시리즈에 소개되는 수학자들은 시대를 초월하여 수학 역사에 매우 큰 업적을 남긴 사람들입니다. 우리가 학교에서 배우는 교과서에는 이들이 연구한 수학 내용들이 담겨 있지요. 만약 필즈상이 좀 더 일찍 설립되었더라면 이 시리즈에서 소개한 수학자들은 모두 필즈상을 수상했을 겁니다.

필즈상이 설립되기 이전부터 수학의 발전을 위해 헌신한 위대한 수학자를 만나 볼까요? 선생님은 여러분들이 이 책을 통해 훗날 필즈상의 주인공이 될 수 있기를 기원해 봅니다.

이운영 선생님

수학자 아돌프 케틀레

Lambert Adolphe Jacques Quéelet,
1796년~1874년

케틀레는 벨기에 겐트 지방에서 태어났습니다. 문학적 재능을 타고나서 어린 시절부터 시와 소설을 쓰던 케틀레는 청년 시절 아버지의 갑작스런 사망으로 가정 형편이 매우 어려워지자 가족 살림에 보탬이 되고자 마을 아이들을 대상으로 수학을 가르치기 시작했습니다. 타고난 말솜씨로 많은 학생들이 그를 따랐고, 덕분에 그는 수학을 가르치며 모은 돈으로 대학공부를 무사히 마칠 수 있었습니다.

졸업 후 대학에서 강의를 하며 시간을 보내던 케틀레에게 우연한 기회가 찾아왔습니다. 파리에 있는 교수 회의에 참석하게 되었는데, 그곳에서 많은 통계학자들을 만나게 된 것입니다. 청년 시절에 수학을 가르

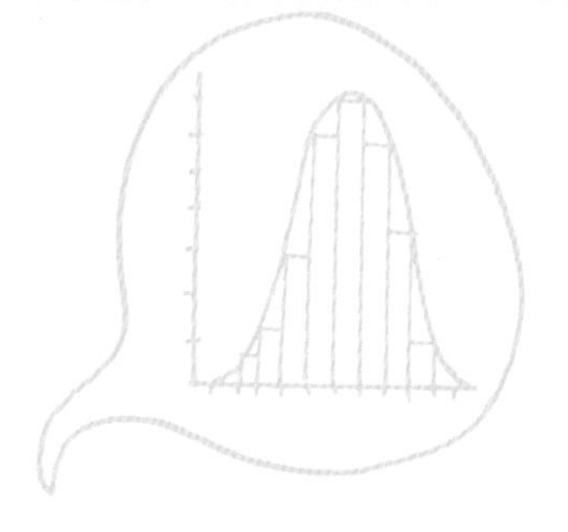

쳐 본 경험이 있는 케틀레는 전공하지는 않았지만 수학에 관심이 많았습니다. 그래서 파리에서 만난 유명한 통계학자들에게 자극을 받아 벨기에로 돌아온 뒤 본격적으로 통계학을 공부하기 시작합니다.

케틀레는 통계학을 공부하면서 재미있는 사실을 발견했습니다. 우리 생활의 모든 것을 통계로 설명할 수 있다는 것이었지요. 그때부터 그는 인간과 사회를 통계로 설명하려고 노력했습니다. 그리고 사람들의 성격이나 범죄자의 심리 등을 통계로 정리하고, 경제학에서 유명한 '케틀레 지수'를 발표하는 등 통계학 분야에서 활발한 연구를 계속했습니다.

케틀레는 수학을 우리 생활에 적용하고자 끊임없이 노력한 수학자입니다. 통계학statistics은 원래 라틴어로, '국가status 또는 사회'라는 말에서 유래되었습니다. 그러므로 통계학의 출발점은 국가이며, 국가와 관련된 정치 · 경제 분야의 자료를 정리할 때 통계학은 매우 유용하게 사용되어 왔습니다. 이러한 통계의 유래를 잘 이해하고 있던 케틀레는 통계를 단순한 수학 계산으로 보지 않고, 우리 사회의 많은 부분에 활용하기 위해 끊임없이 연구했던 위대한 수학자입니다.

여러분!

케틀레 선생님은 이 책을 통해 통계의 뜻과 통계를 구하는 방법뿐만 아니라 통계학이 활용되는 여러 분야에 대해 쉽고 재미있게 설명해 주실 거예요.

지금부터 케틀레 선생님과 함께 통계학을 공부해 볼까요? 여러분은 이 책을 다 읽고 나면, 통계에 대한 지식뿐만 아니라 여러 분야에서 일어나는 재미있는 이야기까지 알게 될 거예요.

뒤적 뒤적

18:04

차례

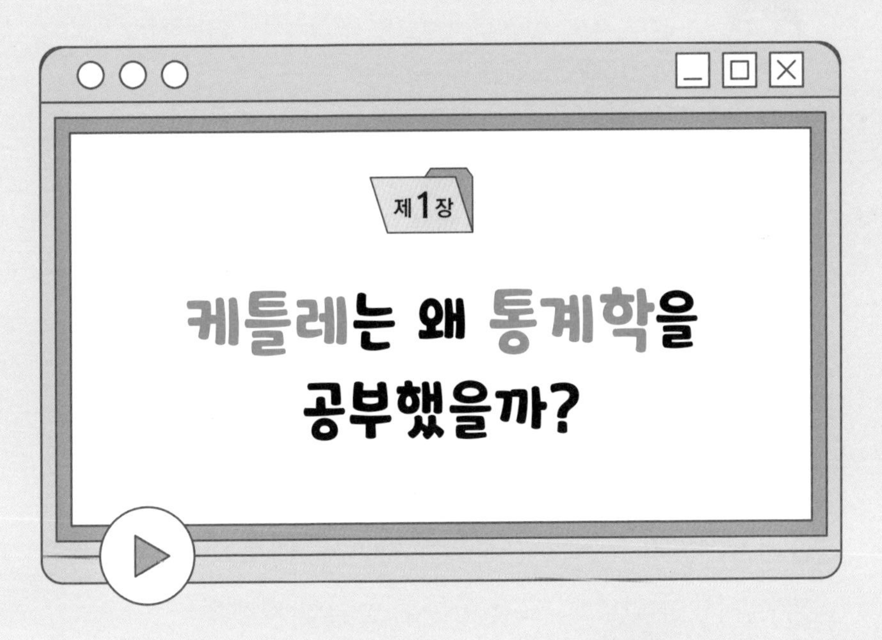

제1장

케틀레는 왜 통계학을 공부했을까?

교과 연계

- 어린 시절의 케틀레
- 통계학에 빠지게 된 계기
- 일상생활과 통계의 연관성

학습 목표

문학적 소질이 다분했던 케틀레의 어린 시절을 비롯해 대학에서 수학을 공부하게 된 계기와 통계학에 빠지게 된 중요한 만남을 살펴본다. 또한 케틀레가 수학으로서의 통계학을 실생활에 어떻게 적용하였는지를 알아본다.

효제 선생님! 선생님은 왜 통계학을 공부하셨나요?

케틀레 내가 통계를 공부한 데에는 많은 사연이 있어요. 그 이야기를 지금부터 들려줄게요. 나는 1796년 2월 22일 벨기에의 겐트 지방에서 태어났어요. 2월 22일. 같은 숫자가 3개나 반복되는 특별한 날짜에 태어났다고 가족들은 내게 뛰어난 재능이 있을 거라 믿었죠. 그 재능이 수학이었냐고요? 글쎄요. 내게 신이 주신 특별한 재능이 있다면, 그건 아마도 문학일 거예요.

어렸을 때 난 수학보다 문학에 재능이 많았던 아이였어요. 또래 아이들보다 글을 빨리 배웠고, 글을 읽기 시작하면서 책을 가까이 했었죠. 선생님은 책을 무지 좋아했답니다. 효제 학생도 책을 좋아하겠죠?

효제 헤헤, 전 책은 별로 좋아하지 않아요. 책이라면 만화책 이외에는 거의 안 보는걸요. 축구나 게임하는 게 더 재밌어요.

케틀레 하하. 효제가 아직 책읽기의 즐거움을 모른다니 선생님은 조금 안타깝네요. 하지만 선생님도 처음부터 책읽기를 좋아한 건 아니었어요. 선생님은 어려서부터 가고 싶은 곳도 많고, 하고 싶은 일들도 아주 많았어요. 우리 아버지는 공무원이셨는데 집안이 그리 넉넉한 편이 아니어서 하고 싶었던 일들을 책을 통해서 간접적으로 경험할 수밖에 없었지요. 책 속의 이야기를 통해 세계 곳곳을 여행할 수 있었고, 많은 사람들의 생각을 들을 수 있었죠. 그러면서 서서히 책읽기의 즐거움을 알게 되었어요. 만화책도 좋지만 효제 학생도 선생님처럼 진정

한 책읽기의 즐거움을 알았으면 해요.

효제 우와! 책읽기를 통해서 세계 여행도 할 수 있다고요? 선생님 말씀을 들으니 갑자기 책이 읽고 싶어져요. 축구하는 시간을 하루에 한 시간씩 줄이고 책을 읽어볼게요.

케틀레 아주 적극적이군요. 하루에 한 시간이라도 꾸준히 책을 읽는다면, 효제 학생은 세계 여행은 물론이고 우주와 깊은 바다 속까지 여행해 볼 수 있을 거예요. 책을 통해서라면 못가는 곳이 없으니까요. 뿐만 아니라, 아는 것도 아주 많아져요. 선생님은 어릴 때부터 많은 책을 읽었기 때문에 문학뿐만 아니라 음악, 미술, 수학, 과학 등에 관해서도 많은 이야기를 알지요.

선생님은 책읽기뿐만 아니라 글쓰기에도 흥미를 느꼈어요. 선생님이 경험하고 느낀 점을 다른 사람들에게도 알리고 싶었거든요. 그래서 시도 쓰고 짧은 소설들도 썼는데, 다행히 친구들의 반응이 아주 좋았지요. 멋진 음악을 들으

면, 그 음악을 이용하여 오페라를 쓰기도 했어요. 친구들은 내 오페라를 들으며 나의 예술적 재능에 감탄하곤 했었죠. 글을 잘 쓴다는 칭찬을 자꾸 듣다 보니 기분도 좋아지고 글쓰기가 더욱 재밌어졌어요. 그래서 작가가 되기로 결심했었죠.

효제 그런데 어떻게 수학자가 되셨어요?

케틀레 그건 말이죠, 음…… 내가 17살 되던 해에 아버지의 갑작스런 죽음으로 집안이 매우 어려워졌어요. 그래서 집안 살림을 돕기 위해 돈을 벌어야 했죠. 당시 나는 어린 나이였기 때문에 돈을 벌 수 있는 일이 딱히 없었기 때문에 동네 아이들에게 수학을 가르쳐 주고 돈을 벌기로 했어요. 지금으로 보면, 수학 과외라고 생각하면 되겠군요.

효제 선생님은 아이들에게 인기가 있었나요?

케틀레 음…… 이건 내 자랑 같지만, 선생님이 아이들에게 수학을 너무 재밌게 가르쳐줘서 나한테 수학을 배우고 싶어하는 학생들이 점점 늘어났어요. 평소에 수학과 관련된 책을 많이 읽어두었더니, 웬만한 수학 문제는 다 풀 수 있었거든요. 나는 글 솜씨도 좋았지만 말도 조리있게 잘했어요. 그래서 아이들에게 재미있게 수학을 가르칠 수 있었어요. 덕분에 학비를 포함해 돈도 어느 정도 벌 수 있게 되었죠. 책을 통해 쌓아온 몇 가지 능력

덕분에 집안 살림에 보탬이 되었고, 여분의 돈은 차곡차곡 저축하여 나중에 대학 학비로 사용했답니다.

효제 선생님은 정말 못하시는 게 없네요. 게다가 어린 나이에 직접 학비도 마련하시고, 집안 살림도 돕고, 정말 부럽기도 하고 존경스러워요!

케틀레 효제 학생이 그렇게 칭찬해 주니 조금

쑥스럽네요. 효제 학생도 열심히 공부하면 선생님보다 훨씬 훌륭한 사람이 될 수 있어요!

아무튼 내가 수학을 잘 가르친다는 소문이 퍼지고, 주위에서 많은 칭찬을 듣게 되니, 수학이 점점 더 재밌어지더군요. 다른 일에도 마찬가지일 거예요. 그러니까 효제 학생도 어떤 일을 시작할 때 열심히 해서 주변사람들에게 인정을 받았으면 좋겠어요. 그러면 하던 일이 더 재미있어져서 더욱 열심히 하게 될 테니까요.

효제 선생님 말씀이 맞는 거 같아요. 저도 축구할 때 골을 넣고 친구들한테 칭찬받으면 다음날 축구가 더 하고 싶어지더라고요. 공부도 한번 그렇게 해 볼게요. 하하하!

케틀레 선생님 말을 그렇게 잘 이해하다니 효제 학생은 정말 똑똑하군요. 그럼 선생님 이야기를 계속 할게요.

그렇게 해서 대학에 진학했어요. 벨기에의 겐트 대학교에 들어갔는데 거기서 조교로 일하면서 23살에 무사히 대학공부를 마칠 수 있었죠. 조교를 했기 때문에 학비에 대한 부담을 조금 줄일 수 있었고, 여러 교수님들과도 빨리 친해질 수 있었어요. 참, 선생님은 어려서부터 문학을 좋아한다고 했죠? 그래서 대학에 가서도 문학 공부를 계속 했답니다.

효제 수학 공부에 문학 공부라니 정말 공부를 좋아하시나 봐요. 헤헤.

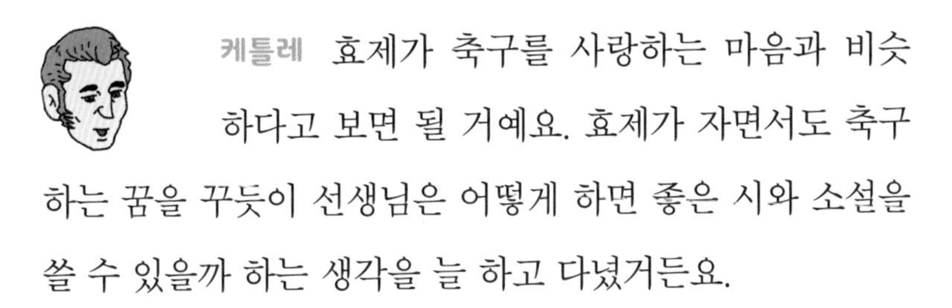

케틀레 효제가 축구를 사랑하는 마음과 비슷하다고 보면 될 거예요. 효제가 자면서도 축구하는 꿈을 꾸듯이 선생님은 어떻게 하면 좋은 시와 소설을 쓸 수 있을까 하는 생각을 늘 하고 다녔거든요.

선생님은 대학 졸업 후에 여러 대학에서 문학을 강의했어요. 조교 일을 하면서 친하게 지낸 교수님이 몇 분 계셨는데, 그분들은 나에게 대학에서 강의할 수 있는 기회를 주셨죠. 나의 어려운 형편을 아셨기 때문에 내가 일찍부터 강의를 할 수 있도록 배려해 주신 고마운 분들이에요.

문학 강의를 하지 않는 여유시간에는 시와 소설을 쓰면서 지냈어요.

그러던 중 파리로 회의를 하러 가게 되었어요. 파리에 천문대 건립을 해야 할지 판단하기 위한 회의였지요. 그곳에서 라플라스, 푸마숑, 푸리에라는 유명한 수학자들을 만나게 되었어요.

파리에 머무는 며칠 동안 그들과 함께 수학에 대해 많은 이야기를 나누었답니다. 함께 이야기를 나눈 수학자들의 공통점은 통계에 관심이 많다는 것이었어요. 그들과의 대화를 통해 통계라는 학문은 단순히 수학에만 속하는 것이

아니라 세상의 모든 일을 쉽게 설명할 수 있는 폭넓은 학문이라는 것을 깨달았답니다. 그때부터 통계에 관심을 가지고 통계학을 공부하기 시작했어요.

효제 그렇게 해서 문학청년이었던 선생님께서 통계학자의 길을 걷게 되신 거군요! 하지만 저는 아직도 통계가 무엇인지, 어떻게 세상의 모든 일을 쉽게 설명해 줄 수 있는지 모르겠어요. 정말 통계라는 게 그렇게 대단한 건가요?

케틀레 그렇고말고요! 선생님과 앞으로 통계 공부를 하면서 알게 되겠지만, 통계는 우리 주변의 많은 곳에서 이용되고 있는 매우 유용한 학문이에요. 수학에는 수, 사칙연산, 분수, 도형 등 많은 영역이 있지요? 선생님은 다양한 수학 영역 중에서 통계가 가장 유용하다고 생각해요. 그만큼 우리의 실제 생활에서 많이 이용되고 있으니까요. 효제 학생은 통계를 공부하면서 이 사실을 깨닫게 될 거예요. 수학이 책 속에만 존재하는 게 아니라, 우리의 생활 속에서도 아주 많이 활용되고 있다는 사실 말이에요!

선생님은 통계를 깊이 공부하면 할수록 우리 사회의 모든 현상이 통계로 설명될 수 있다는 것을 알아냈어요. 심지어 우리 인간의 성격이나 행동도 통계로 정리해 볼 수 있었죠. 그래서 인간의 여러 특징을 통계로 정리하여 《인간과 능력개발에 관한 연구》라는 책을 발표했지요. 또, 《도덕통계학》에서는 범죄자의 심리에 대한 통계를 발표했어요.

저 책들을 발표할 당시, 통계학은 단순히 수학에만 속할 뿐 사회문제와는 전혀 상관이 없다고 생각하는 학자가 많았어요. 그래서 통계를 사용해 사회문제를 분석한 나의 연구에 많은 학자들이 놀랐죠. 이러한 연구 때문에 나는 지금까지도 아주 유명한 통계학자로 기억되고 있지요.

효제 와아~ 선생님, 대단하세요. 아무도 생각하지 못한 것을 처음 생각하시다니! 저도 그런 능력을 갖고 싶어요.

케틀레 허허! 효제 학생이 그렇게 칭찬해주니 어깨가 으쓱해지네요. 선생님이 통계를 수학을

벗어나 사회문제까지 확대하여 생각할 수 있었던 이유는, 한때 문학 공부를 열심히 했기 때문이에요. 문학은 우리가 살고 있는 세상에 대해 말해 주고 있어요. 선생님은 문학을 오랫동안 공부했기 때문에, 다른 수학자보다 세상에서 일어나는 여러 가지 문제에 관심이 많았지요. 그래서 통계를 단순히 수학으로만 생각하지 않고, 여러 가지 세상일과 관련지어 생각해 볼 수 있었답니다.

음…… 효제 학생! 혹시 '모든 결과는 원인에 비례한다'라는 말을 들어본 적 있나요? 이 말은 선생님이 통계학을 공부했을 때 남긴 명언이지요.

효제 네! 들어본 적은 있지만 무슨 뜻인지 전혀 모르겠던걸요. 너무 어려운 말이라고 생각했었는데, 선생님이 남기신 말이었군요.

케틀레 하하, 그렇군요. 만약 효제 학생이 통계가 무엇인지 잘 배우고 나면, '모든 결과는 원인에 비례한다'라는 말의 의미를 이해할 수 있을 거예요. 이 말이 효제 학생에게 어려웠던 이유는 통계가 무엇인지

지금은 모르기 때문이에요. 위의 말을 이해시키기 위해서라도 통계에 대해 잘 가르쳐줘야겠네요. 허허허!

자, 이제부터 선생님이 통계에 대해서 알기 쉽게 설명해 줄게요. 문학청년이었던 선생님이 조리 있는 말솜씨로 쉽고 재미있게 들려줄 테니 기대해도 좋아요, 허허허! 지금부터 통계에 대해 차근차근 배워 보자고요.

제 1 장 핵심정리

- 문학청년 케틀레는 어려운 가정 형편 때문에 마을 아이들에게 수학을 가르치기 시작했다.

- 파리 회의에 우연히 참가한 케틀레는 많은 통계학자들을 만났고, 그때부터 통계에 관심을 갖게 되었다.

- 조교를 겸하며 무사히 대학생활을 마친 케틀레는 문학 강의와 시를 쓰며 시간을 보냈다.

- 케틀레는 사회문제와 인간문제와 관련한 통계를 발표했다.

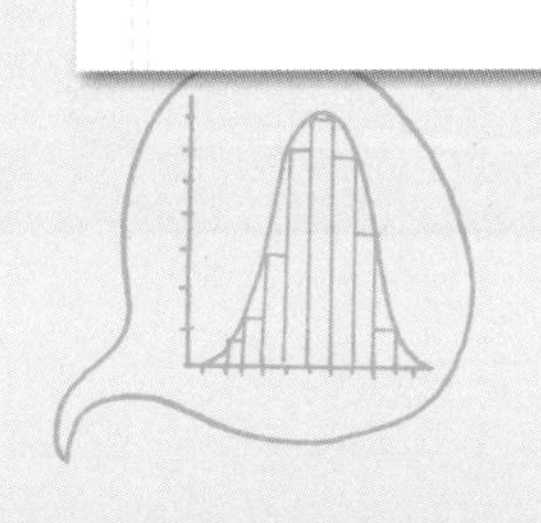

응애
응애~
2월 22일이라……
이 아이는 분명
대단한 재능이
있을 거야!

어때?
네 소설은 너무
재밌어!
역시 넌
문학
천재야!

평균과 분산이란……

공부와 조교일을 열심히
해서, 내 돈으로 학교를
졸업 해야겠어!
통계

문학은 우리
인간들의 이야기를
다루는 거지요.
문학

통계는 말야……
통계학은
아름다운
학문이지!
돌아가면 문학보다
통계에 대해 더 많이
공부 해야겠어!

통계는 정말 많은
곳에 이용되는
수학이구나!
자료정리법
분산
그래프
통계학
평균

모든 결과는
원인에
비례합니다!

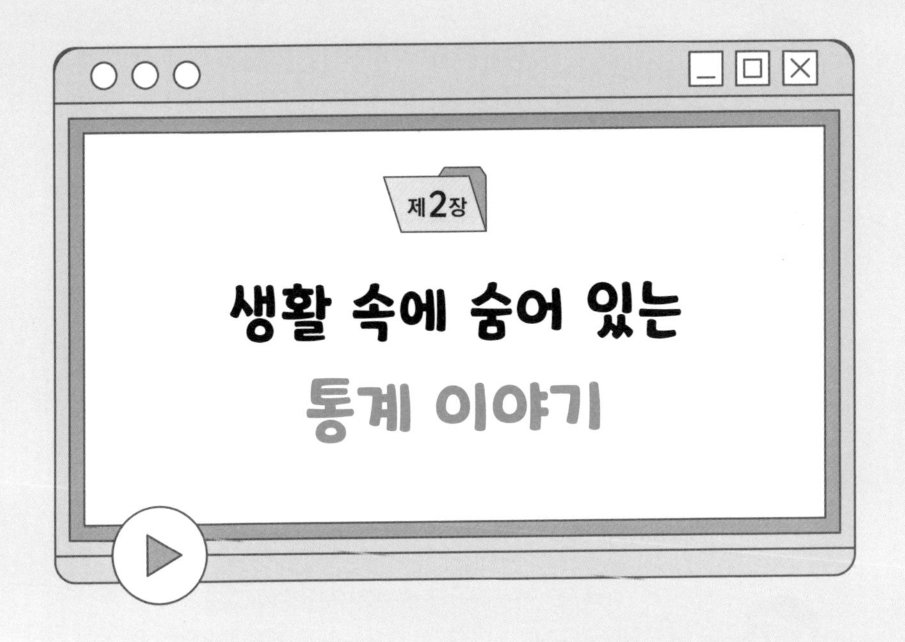

교과 연계

초등 2-2 | 5단원 : 표와 그래프

학습 목표

통계가 어떤 분야에 이용되고 있으며 통계를 분석하여 그래프로 나타내면 편리한 점이 무엇인지 등을 알아본다.

효제 선생님, 우리 주변에서 이용되고 있는 통계가 많다고 하셨는데, 주로 어디에 이용되나요?

케틀레 허허, 그렇게 물어보니 범위가 넓어서……. 통계가 이용되는 분야가 무척 넓고 다양하거든요. 효제 학생! 축구를 제일 좋아한다고 했죠? 혹시, 축구 경기에도 통계가 사용되고 있다는 것을 알고 있었나요?

효제 예? 축구에 통계가 사용된다고요? 저는 축구와 관련된 이야기라면 뭐든지 안다고 생각했는데 그런 말은…… 선생님, 축구에서 사용되는 통계에 대해 알려 주세요.

케틀레 좋아요! 효제 학생은 축구를 좋아하니까 당연히 국제축구연맹(FIFA : Federation Internationale de Football Association)에 대해서 알고 있죠? FIFA는 국제적인 축구경기와 관련된 일을 많이 하고 있어요. 예를 들면, 월드컵과 같은 큰 국제 경기를 주최해요. 또 선수들의 소유권을 두고 팀끼리 분쟁이 있으면 이를 조율해 주기도 해요. 특히 코카콜라 회사와 함께 매달 피파랭킹을 선정하여 발표하는데요, 피파랭킹은 세계 남자축구팀의 순위를 말해요. 바로 이 피파랭킹을 매길 때 통계가 활용된다는 것! 몰랐죠?

효제 FIFA가 하는 일이 정말 많네요. 그보다 피파랭킹을 정할 때 통계가 어떻게 이용되는지 구체적으로 알려 주세요.

케틀레 음, 피파랭킹을 매기려면 모두 다섯 가지 정보가 필요해요. 시합에서 이겼는지 졌는지를 알려 주는 승 · 무 · 패 여부, 친선전이냐 월드컵이냐 등과 관련된 경기 중요도, 그 나라가 속해 있는 대륙의 전력이 어느 정도인가, 득점에 대한 것, 경기장소가 자기 나라에서 하는 홈경기인지 다른 나라에서 하는 어웨이경기인지에 대한 정보가 있어야지요.

효제 어휴~ 복잡해라. 그 다섯 가지를 언제 다 알아서 랭킹을 매기는지 생각만 해도 어지럽네요.

케틀레 허허허, 그래요. 설명만 들으면 매우 복잡한 것 같지요? 피파랭킹은 약 200개 나라의 국가대표 축구팀을 서로 비교하는데, 200개의 나라마다 가

진 정보가 5개씩이니 모두 1000개의 정보를 분석해서 피파랭킹을 매겨요. 이럴 때 1000개의 정보를 가지고 일일이 따진다면 어마어마한 시간이 걸리기 때문에 피파랭킹을 한 달마다 발표하기가 무척 어려워지겠죠.

이처럼 많은 정보를 처리해야 할 때, 통계를 사용하면 쉽게 해결할 수 있어요. 이것이 바로 통계의 매력이지요.

통계를 이용해서 구하려면, 아래와 같은 표를 만들어 각 나라의 다섯 가지 정보를 컴퓨터에 입력한 뒤 높은 점수별로 순서를 매기면 피파랭킹이 쉽게 구해지지요.

국가	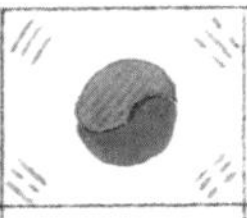	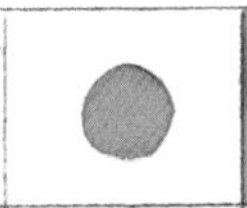			…
승/무/패	2/2/0	1/2/1	3/1/0	3/0/1	…
경기 중요도	5	5	5	5	…
대륙의 전력	2	2	3	5	…
득점	4	2	6	4	…
경기 장소	홈	홈	어웨이	어웨이	…

통계란, 복잡한 자료를 한데 모아서 계산하고 그 결과를 따져보아 숫자로 나타내는 것을 말해요. 200개국의 축구 정보를 표에 모아서 계산하고, 그 값을 1~200위라는 수치로 나타냈으니까 피파랭킹은 통계를 이용한 대표적인 예라고 할 수 있지요.

효제 우와! 피파랭킹을 정하는 데 통계가 꼭 필요하겠네요. 그런데 선생님! 피파랭킹이 축구팀의 실력을 다 말해 줄 수는 없는 것 같아요. 매달마다 랭킹을 발표하니까 순위가 들쑥날쑥하니 우리 축구팀이 잘하고 있는 건지 헛갈릴 때가 많았어요.

케틀레 그렇긴 하죠. 순위가 매달 바뀌니까 효제 말대로 우리 대표팀의 실력이 향상되고 있는 건지 헛갈릴 수 있어요.

효제 학생은 2002년 월드컵대회를 기억하죠? 2002년 월드컵에서 한국 대표팀은 대단한 힘을 발휘해 주었어요. 월드컵 이전에는 피파랭킹 41위였던 한국이 2002년 월드컵에서는 4강 진출의 신화를 이룩하면서 피파랭킹 17위로

2002년 한일 월드컵에서 4강 신화를 이룬 태극전사들의 모습

껑충 뛰어올랐죠.

이 사진은 언제 봐도 감동적이군요, 허허허! 만약 효제

학생이 우리나라 축구팀의 실력이 얼마나 향상되고 있는지 알고 싶다면 매달마다 발표되는 피파랭킹을 기록하면 돼요. 하지만 기록만으로는 축구팀 실력이 향상되고 있는지 한눈에 알아보기가 힘들 거예요. 이럴 때에는 다음과 같이 변화하는 모습을 그림으로 그려보는 게 좋아요.

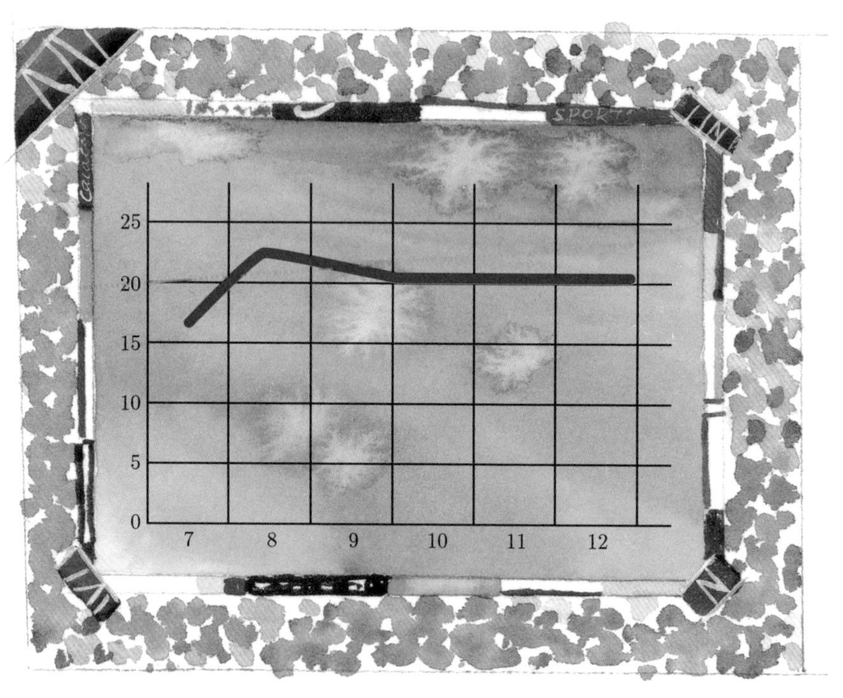

2002년 피파랭킹 변화 그래프

이와 같은 그림을 그래프라고 하는데, 그래프는 정보를 한눈에 볼 수 있게 해 주죠. 이것 또한 통계에 속해요. 그래프를 보니까 어떤가요? 월드컵 이후 우리나라 축구팀의 피파랭킹이 어떻게 변했는지 한눈에 볼 수 있지요?

효제 와아~ 그래프로 나타내니까 눈에 쉽게 들어오네요. 피파랭킹이 월드컵 이후 17위에서 조금 떨어져서 22위까지 갔다가 한 단계씩 올라서 10월부터는 20위를 차지했네요. 태극전사 역시 멋져!

케틀레 태극전사들이 꾸준히 노력해서 20위권을 지켜주었네요. 그래프로 보니 랭킹의 변화가 한눈에 들어오죠? 이런 점 때문에 통계가 우리 생활에 많이 활용되는 거죠. 효제가 축구를 좋아해서 너무 축구로만 설명한 것 같군요. 축구 외에도 통계가 활용되는 경우는 아주 많아요. 특히 야구에서 사용하는 타율, 방어율 등은 모두 통계로 구해요. 그래서 통계학자들은 야구를 두고 '통계 스포츠'라고도 말하지요.

이제 스포츠 외에 통계가 활용되는 경우에 대해서도 이야기해 보죠. 효제 학생이 축구 외에 또 좋아하는 게 뭐가 있죠? 즐겨 보는 텔레비전 프로그램은요?

효제 전 노래 부르는 걸 좋아해요. 그래서 음악 프로그램은 챙겨 보는 편이에요. 음악 방송에도 통계가 쓰이고 있나요?

케틀레 축구와 노래를 잘한다니, 효제는 친구들에게 인기가 참 많겠군요. 그래요. 연말에 보면 그 해에 가장 인기 있었던 가수를 발표하죠? 인기가수의 순위를 매길 때에도 통계가 쓰인답니다. 인기가수의 순위는 1년 동안 그 가수의 음악이 방송에 몇 번 나왔으며, 음반이 얼마나 판매되었는지에 대한 정보를 모아서 통계를 내지요. 그리고 연말 방송에서 하는 인기가수 투표 점수까지 더해서 그 해의 최고 가수를 뽑는 거죠.

효제 아, 그렇구나! 단순히 인기투표로만 뽑는 게 아니었네요.

케틀레 생각보다 통계를 내기 위해 고려할 것들이 많죠? 음반판매량이나 방송횟수도 인기를 판단하는 기준이 되니까 꼼꼼히 체크해요. 자, 두 유명 가수의 1년간 판매된 음반량과 방송횟수를 살펴볼까요? 그래프로 볼 때 A가수는 주로 상반기에 활동하고, B가수는 하반기부터 활동한 것 같네요.

표1. 2007년 최고인기상은 과연 누구?

후보가수 \ 조사시기		1, 2월	3, 4월	5, 6월	7, 8월	7, 10월	11, 12월
A씨	음반판매량	40	60	40	20	10	10
	방송 횟수	100	120	100	80	80	100
B씨	음반판매량	0	0	0	80	120	140
	방송 횟수	0	0	0	40	80	80

위의 표를 보면, 음반 판매량은 B가수가 월등히 많지만, A가수의 노래가 방송에서 꾸준한 인기를 모았기 때문에 두 사람의 인기순위는 어떻게 될지 쉽게 예상하기 힘들지요?

그래서 **표1**를 **그림1**과 같이 그래프로 바꿔 봤어요.

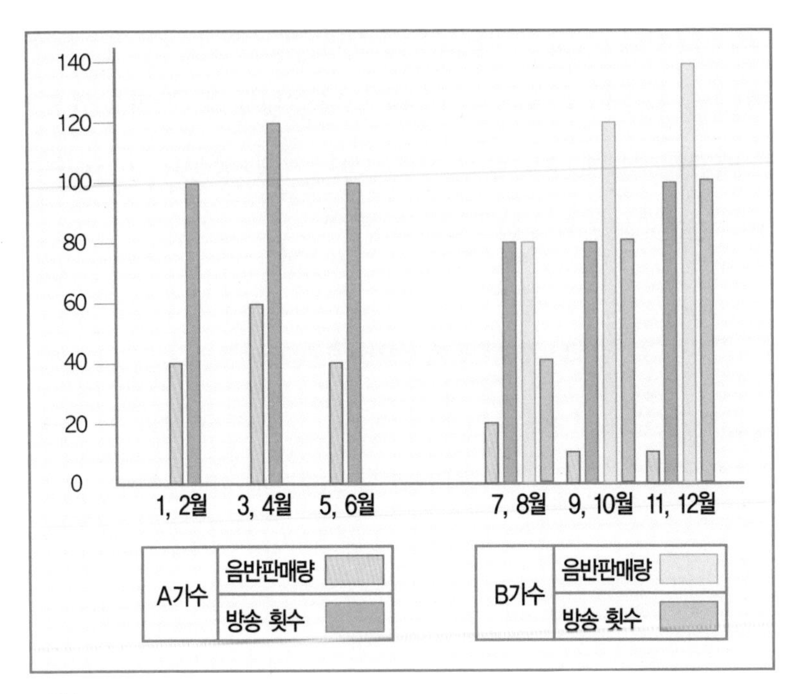

그림1

어떤가요? 이렇게 그래프를 보니 올해의 최고 인기가수상은 A가수가 받을 거란 걸 알 수 있지요.

이런 점이 바로 통계가 우리 생활에 유용하게 활용되는 이유지요. 만약 효제 학생이 A, B가수를 좋아하는 연령대가 어느 정도인지 알고 싶다면, 미리 조사해둔 음반 판매량을 가지고 구할 수 있어요.

A와 B가수의 음반을 구매한 사람들의 나이가 어느 정도인지 통계를 내어 그래프로 그려보면 연령별로 좋아하는 가수가 누구인지 알 수 있어요. 최근 방송국에서 최고인기상을 줄 때, 연령별로 인기를 따져서 주잖아요. '10대가 뽑은 최고인기상', '30대 이상이 뽑은 최고인기상'처럼 말이죠. 이렇게 연령대를 나누어 최고인기상을 뽑으려면, 음반을 구매한 사람들의 연령을 기준으로 그래프를 그리면 된답니다.

A, B가수의 음반을 구매한 연령은?

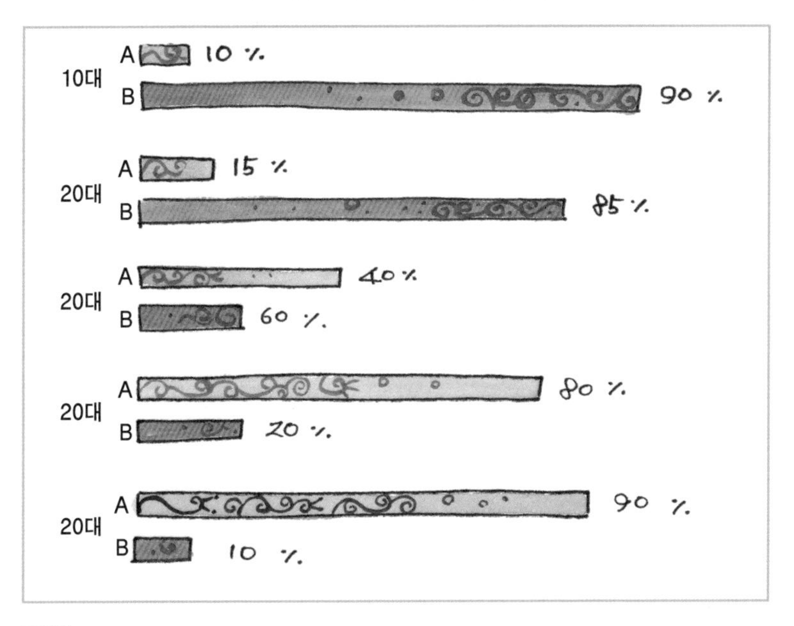

그림2

효제 와, 그러네요. 정보들을 잘 기록해두었다가 필요할 때마다 요리조리 바꿔서 그리니 훨씬 알아보기 편해요.

케틀레 그럼요. 통계는 기록한 자료를 수학적으로 계산한 것이에요. 따라서 매우 객관적이고 신뢰할 수 있는 자료지요. 스포츠나 연말 시상식 외에도 통계의 활용 범위는 정말 많아요. 효제 학생의 성적표에 나오는 반 등수, 전교 등수, 과목별 등수도 모두 통계를 이용해서 구해요.

효제 으아! 성적표에 사용되는 통계는 조금 괘씸하고 미운대요. 또 어디에서 통계를 사용하나요?

케틀레 음, 대통령이나 국회위원 선거에서도 사용해요. 예를 들면, 대통령 후보들의 인기 순위를 알려 주고, 국민들의 지지율 변화도 한눈에 보여 주지요. 또, 어떤 후보를 지지하는 사람들의 성별 · 나이 · 직업 · 학력 등도 알려 준답니다.

통계는 경제 분야에서도 매우 유용하게 이용되고 있어요. 우리가 경제 기사에서 매일같이 보는 환율과 주식이 오르락내리락하는 정보도 통계를 이용한 것이랍니다. 또 우리나라 경제 성장이 얼마나 발전했는지도 통계를 보면 알 수 있죠. 이밖에도 통계는 출산율, 사망률, 인구밀도, 토지 이용률, 인터넷 사용률 등 우리 생활 속의 모든 분야에서 사용되고 있어요. 만약 통계가 없다면, 우리 생활이 마비될지도 몰라요. 그만큼 통계는 우리가 일상생활에서 아주 가깝게 이용하고 있는 수학이랍니다.

효제 통계가 활용되는 분야가 정말 많네요. 생각해 보니 하루에 한 번 이상 통계와 관련된 이야기를 들으며 살고 있었어요.

케틀레 네, 효제 학생 말이 맞아요. 우리나라의 통계청 사이트(http://kostat.go.kr)에 가면 선생님이 설명한 것보다 훨씬 많은 통계자료가 있어요. 날씨, 취업률, 지리정보 등 다양한 통계자료를 한번 찾아보세요. 통계가 얼마나 많이 활용되는지 직접 확인할 수 있을 거예요. 효제가 통계의 중요성을 잘 이해한 것 같으니, 다음 장에서는 선생님과 함께 통계를 구하는 여러 가지 방법에 대해 알아보도록 해요.

제 2 장

핵심정리

- 통계는 여러 가지 자료를 한눈에 알아볼 수 있도록 도와준다.

- 통계는 투표로 결정하는 인기가수 선정, 대통령 선거, 각종 순위를 결정할 때에도 이용된다.

- 통계를 이용하면 복잡한 자료를 한눈에 알아볼 수 있으며, 서로 다른 자료를 비교할 때에도 좋다.

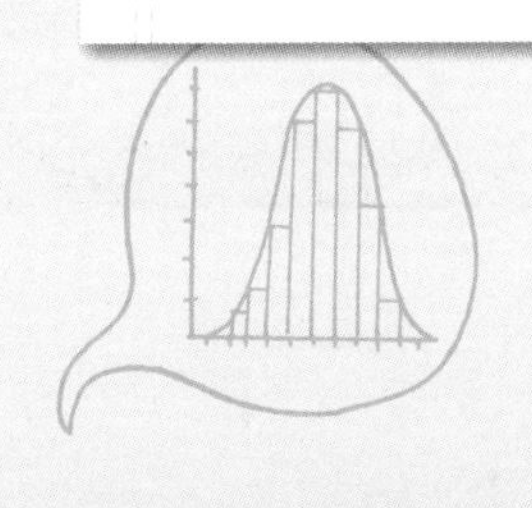

수학은 재미없어~.
이런 거 배워서
어디에 쓴다고!
통계

무슨 말씀!
통계가 얼마나
유용한 학문인데!
이번 주
1위는 누구지?
아, 떨려~
인기가요

하하하! 인기가수
선정도 통계를
이용하지요!
말도
안 돼!

주식이 조금
올랐는데~
통계니까
믿어도
되겠지?
아빠가
통계를?!

통계청 사이트를
보니, 요즘 음식물
쓰레기가 늘었대요.
쯧쯧.
엄마도
통계?

이 대학교의
작년 입시
통계를
보니,
난 당연히
합격이겠군!
어라?
누나도 통계?
입시요강

왈~
왈~
나눠
먹자!
왈!
차암~
너마저 통계를
아는 거야?
오리온
우악~
이 개똥이!

모두가 통계,
통계, 통계!
나도 좀
가르쳐
달라고요!

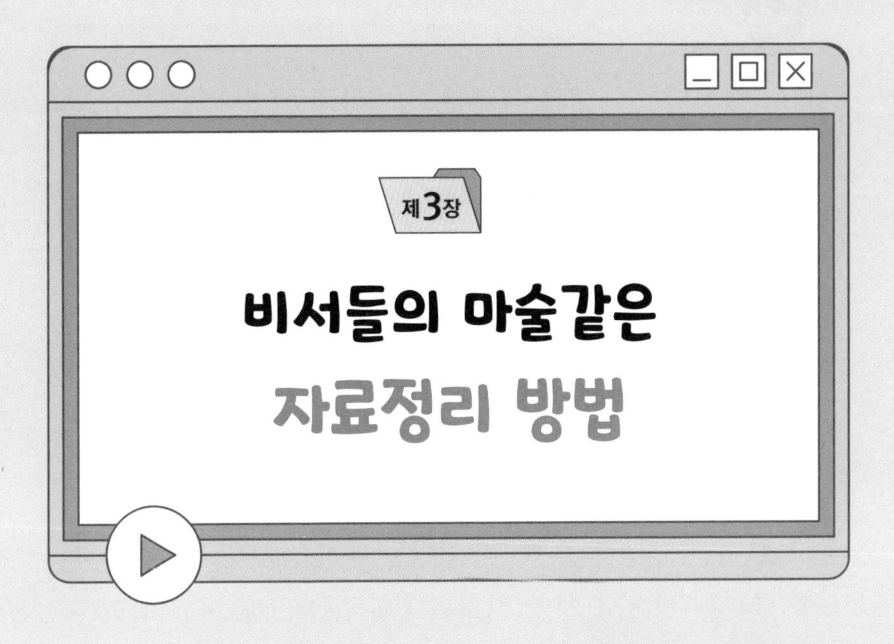

제3장

비서들의 마술같은 자료정리 방법

교과 연계

초등 1-1 | 3단원 : 덧셈과 뺄셈

학습 목표

통계 자료를 이용함에 있어 어떤 과정을 거치는지 알아보고 이를 효율적으로 활용하고 정리하기 위해서 기준을 정해야 하는 의미를 살펴본다.

케틀레 효제 학생! 왜 그렇게 표정이 어두운 거죠? 오늘부터 통계를 구하는 방법을 가르쳐주려고 했는데…… 무슨 안 좋은 일이라도 있었나요?

효제 네, 선생님. 엄마한테 엄청 혼났거든요. 정리정돈을 잘 못해서 방이 늘 지저분하고, 물건도 자주 잃어버려서요.

케틀레 허허허, 그랬군요. 효제 학생도 나처럼 정리정돈을 잘 못하나 보죠? 선생님도 효제만 할 땐 정리정돈이 정말 어려웠어요. 그때그때 치워야 하는데, 성격이 부지런하지 못해서 늘 방이 지저분했지요. 어머니의 불호령이 떨어지면 급하게 방을 치우곤 했는데, 평소에 정리정돈 습관이 몸에 베지 않아서 한번 치우는 데 굉장히 많은 시간이 걸렸어요. 낑낑거리며 치우다가 결국 다 치우지도 못한 채 잠든 적도 많았어요.

효제 제 말이 바로 그거예요. 한번 치우려면 시간이 얼마나 오래 걸리는지…… 물건도 나중에 쓰려고 보면 없어요.

효제 평소에 잘 정리해두면 좋겠지만, 그게 쉽지 않아요. 저처럼 정리정돈을 못하는 아이에겐 말이죠! 이 세상에서 정리를 잘하는 사람이 있다면 정리정돈 방법을 배우고 싶어요!

케틀레 오호, 정말로 정리정돈 하는 방법을 배우고 싶은가요? 그렇다면 오늘 우리가 배울 통계 내용을 가지고 이야기할 수 있겠군요. 오늘 설명하려고 했던 게 바로 '자료정리법'이니까요! 자료정리법을 잘 배워두면, 정리정돈도 잘 할 수 있지요. 오늘 수업이 끝날 때면 정리정돈의 천재가 되어 있을 거예요!

효제 우와~ 그런 게 있다면 어서 가르쳐주세요!

케틀레 음, 세상에는 정리정돈을 마술같이 뚝딱 해내는 사람들이 있어요. 누굴까요? 네, 바로 비서들이에요. 비서들은 단순히 사장의 심부름꾼이 아니에요. 그들은 사장의 스케줄뿐만 아니라 좋아하는 것, 싫어하는 것, 즐겨 먹는 음식 등 자신의 상사인 사장에 대한 세세한 정보를 꿰뚫고 있어야 하지요. 왜냐하면 사장이 원하는 것을 언제든지 준비하고 있어야 하거든요.

또한 사장이 필요한 자료를 요청하면 그것이 무엇이든지 빠른 시간 안에 찾아야 해요. 그러므로 비서들은 사장이 부탁하는 자료를 빨리 찾기 위해 평소에 잘 정리해둬야만 하

죠. 이처럼 비서가 하는 일은 결코 쉽지 않아요. 그래서 훌륭하고 빠르게 일할 수 있는 비서를 키우기 위해 '비서학과'가 있는 대학교도 있어요.

비서학과 학생들은 제일 먼저 자료를 정리하는 방법을 배워요. 그들의 자료 정리 원칙은 빠른 시간 안에 물건들이 있어야 할 정확한 위치에 놓는 것이지요. 효제가 꼭 배워야 할 정리 능력이에요.

그런데 말이죠. 비서학과 학생들이 배우는 이 자료정리 방법이 바로 통계의 기초랍니다. 통계는 앞장에서도 여러 번 말했듯이 주어진 정보를 우리가 필요로 하는 정보로 요리조리 바꾸는 거예요. 그러므로 정보, 즉 자료를 잘 정리해 놓는 게 매우 중요해요. 그래야만 통계를 내고 싶을 때 언제든지 자료를 찾아볼 수 있으니까요.

통계를 구할 때에는 다음과 같은 과정을 거쳐요.

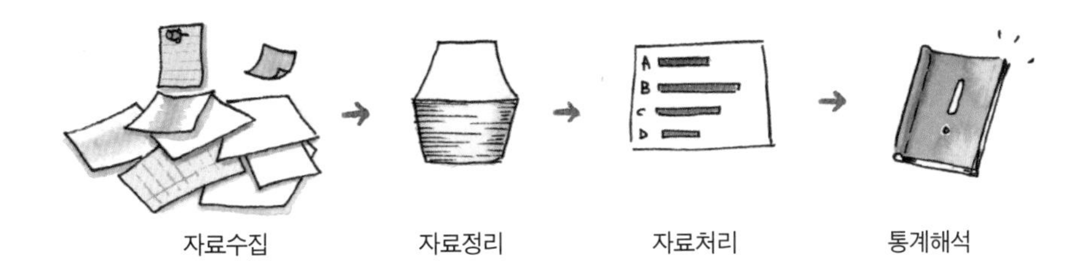

제일 먼저 통계에 필요한 자료를 많이 수집해요. 그런 다음에 자료를 항목에 따라 잘 정리하지요. 다음은 정리한 자료를 특징에 따라 한눈에 볼 수 있도록 표, 그래프 또는 그림으로 나타내지요. 이 과정이 바로 자료처리 과정이에요. 마지막으로 처리된 자료를 보고 통계의 특징을 해석하면 돼요. 그러므로 통계를 잘하려면 우선 자료를 잘 정리해야 하지요. 비서들이 자료를 정리하는 요령이 무엇인지 배우고 나면 통계가 훨씬 더 쉬워질 거예요.

효제 와, 선생님! 비서들이 자료를 빠르게 정리하는 비결을 배우고 싶어요! 가르쳐주세요!

케틀레 효제가 그렇게 배우고 싶어하다니 너무 기특하군요. 비서들이 자료정리를 귀신같이 잘하는 비결은, '기준'을 잘 세우기 때문이에요. 많은 자료를 한꺼번에 정리하려면 정신이 없겠죠? 그래서 무턱대고 자료를 정리하는 게 아니라 기준을 세워놓고 그 기준에 따라서 정리하는 게 좋아요.

예를 들어 효제의 방을 정리해 보도록 하죠. 효제가 방을 정리하는 게 어려운 이유는 무턱대고 눈에 보이는 것부터 치우려고 하기 때문일 거예요. 만약 효제가 방을 치울 때, 기준을 정해 놓고 정리한다면 훨씬 빨리 그리고 정확하게 방을 정리할 수 있어요.

으흠, 이게 효제의 방이군요. 생각보다 사태가 심각하네요, 허허허! 효제 어머니께서 화를 내시는 이유를 알겠군요. 그래도 괜찮아요. 통계를 배우기 전에는 선생님의 방도 이랬으니까요, 허허허!

효제 선생님도 참!

케틀레 자, 지금부터 방을 정리해 볼까요? 우선 어지럽혀진 물건들의 기준을 세워보죠!

바닥에 벗어놓은 양말과 만화책이 있고, 침대 위에는 축구 잡지와 더러운 티셔츠가 있네요. 학용품은 여기저기 떨어져있고. 이 방을 다 치울 생각을 하면 마음이 답답하겠지만 전혀 걱정하지 말아요.

어지럽게 널려 있는 물건들은 몇 가지 기준으로 나눠지네요. 첫 번째 기준은 빨랫감, 두 번째는 책, 세 번째는 학용품이죠. 자, 세 기준을 가지고 물건을 정리해 봅시다. 시간도 재어봐야겠어요.

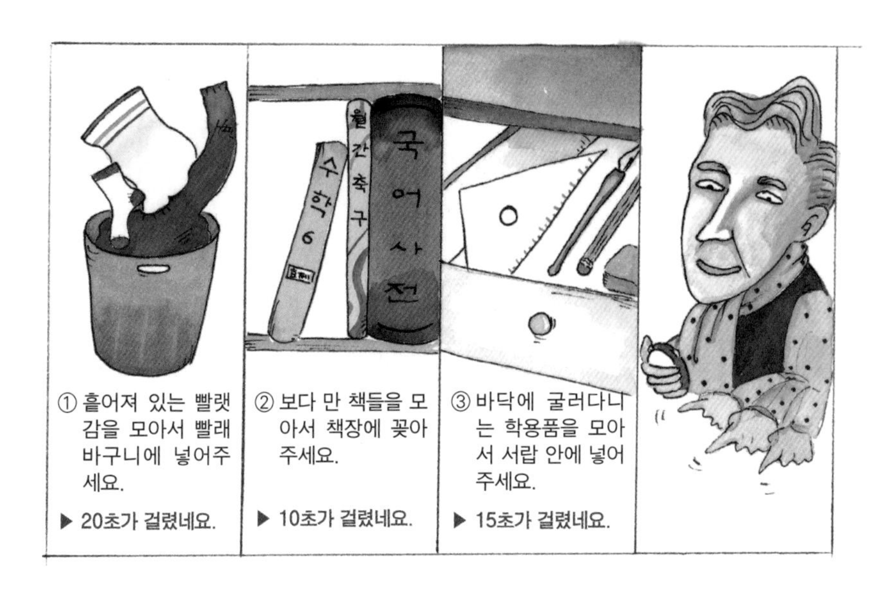

자, 이것 보세요. 어지럽던 방을 45초 만에 깔끔히 정리할 수 있었죠? 만약 효제 학생이 물건들의 기준을 정하지 않았다면 이렇게 빨리 정리할 수 있었을까요? 침대 하나만 치운다고 해도 베개 위에 있는 수학교과서를 책장에 넣고, 티셔츠를 빨래바구니에 넣고, 이불 위에 있는 축구 잡지를 책장에 넣느라 시간이 훨씬 오래 걸렸을 거예요.

효제 와, 그렇군요. 제 방이 45초 만에 깔끔해지다니! 이건 기적 같은 일이에요. 기준을 정하고 일을 하니 이렇게 수월하군요.

케틀레 네, 기준이 있으면 무엇이든 이렇게 편리하게 정리할 수 있어요. 그래서 통계에선

'기준'이 중요해요. 기준에 따라서 자료의 처리가 달라지니까요.

2장에서 소개했던 인기가수의 통계를 기억하죠? 사람들에게 좋아하는 가수가 누구인지 조사했다면, 그 자료를 가지고 다양한 통계를 만들 수 있어요. '기준'만 달리하면 다른 통계가 만들어지니까요. 저마다 연령대별 · 지역별 · 성별로 좋아하는 가수가 누구인지 모두 다르니까요. 그러므로 통계를 구할 때에는 '기준'이 무엇인지를 잘 생각한 다음, 그 기준에 따라 자료들을 정리하면 돼요.

만약 효제가 반 친구들의 식습관에 대해 조사하라는 과제를 받았다고 해 봐요. 먼저 반 친구들이 좋아하는 음식을 조사해야 해요. 그런 다음, 조사 자료를 가지고 기준을 정하여 통계를 만들 수 있어요. '남녀의 성별에 따라 좋아하는 음식', '튼튼한 정도에 따라 좋아하는 음식', '신장에 따라 좋아하는 음식' 등이 기준이 될 수 있겠죠.

기준에 따라서 자료를 정리한 다음, 표나 그래프로 그릴 수 있어요. 표와 그래프를 통해 친구들의 식습관에 대한 결과가 한눈에 보이는 거죠. 예를 들면, '남자들은 매운 음식을 좋아하고, 여자들은 달콤한 음식을 좋아한다', '튼튼한 아이들은 김치를 좋아하고, 자주 아픈 아이들은 인스턴트 음식을 좋아한다', '키가 큰 아이들은 우유를 좋아하고, 키가 작은 아이들은 햄버거를 좋아한다'와 같은 결과를 말이죠.

효제 네! 기준을 정해서 자료를 정리하면 통계로 나타내기 훨씬 쉽군요. 앞으로는 무엇이든 기준을 가지고 정리해야겠어요. 방 정리도 훨씬 빨리 할 테고, 통계도 잘하는 아이가 될 수 있겠죠? 헤헤.

제 3장

핵심정리

- 통계는 '자료 수집 – 자료 정리 – 자료 처리 – 통계 해석'의 과정을 거친다.
- 통계에 이용되는 자료를 정리할 때에는 '기준'에 따라 정리하는 것이 좋다.
- '기준'을 어떻게 정하느냐에 따라 다양한 통계 결과가 나올 수 있다.

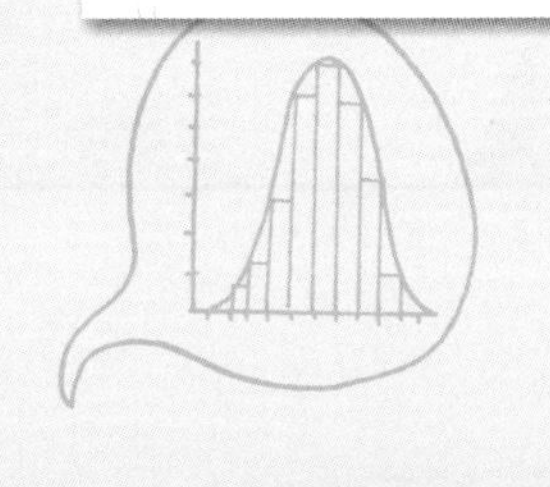

간식을
먹어 볼까!

이렇게 두면 뭘
먹을지 모르잖아!

'기준'에 따라
정리를 좀 해야겠어.
과일은 과일끼리,
우유는 우유끼리.
우리식품
딸기우유

초코우유
초코우유
딸기우유
딸기우유
우리식품
빵
우리식품
빵
우리식품
빵
우리식품
빵

이렇게
붙여두면 남은
음식을 쉽게
알 수 있지!

효제의 럭셔리 간식
과일 :
우유 :
빵 :

우리 효제가
이런 건
언제
배웠지?

엄마!
통계를 알면
생활의 지혜가
생긴다구요!
앞으로 냉장고
음식은 저렇게
표시해 주세요!

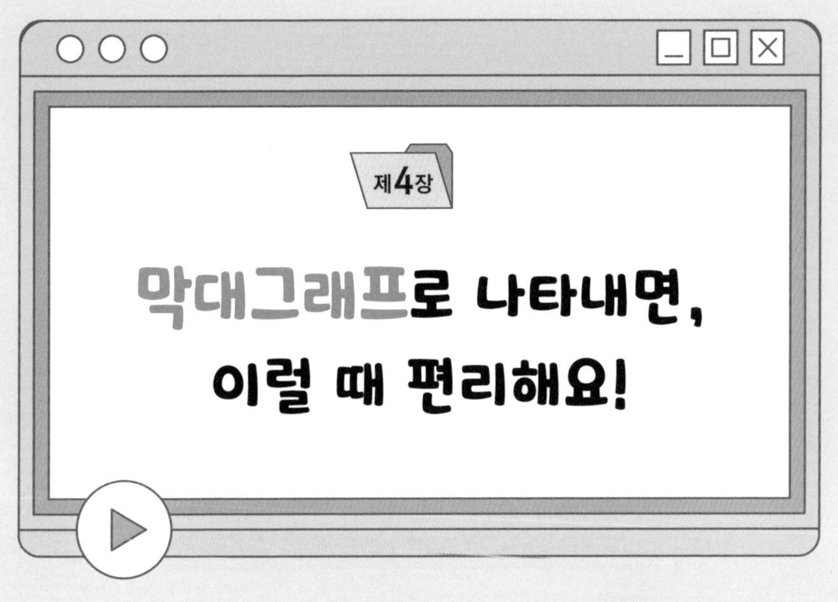

제4장

막대그래프로 나타내면, 이럴 때 편리해요!

교과 연계

초등 3-2 | 6단원 : 자료의 정리
초등 4-1 | 5단원 : 막대그래프

학습 목표

통계 수치를 바탕으로 한눈에 알아볼 수 있게 그림으로 나타내는 그래프의 종류와 막대그래프를 그리는 방법을 알아본다. 또 두 가지 이상의 수치를 그래프로 나타내면 편리한 점과 그래프에서 물결선의 용도를 살펴본다.

효제 선생님! 어제 우리 누나가 성적표를 받아왔는데요. 성적표에 온통 막대기가 그려져 있더라고요. 그런데 부모님께서 그 성적표를 보시고는 '한눈에 알아보기 쉽구나!' 하시면서 좋아하셨어요. 이런 막대기 성적표도 통계와 관련이 있나요?

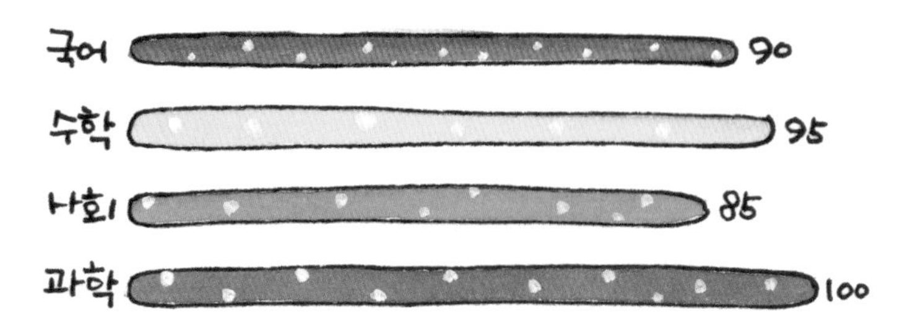

효제 누나의 성적표

케틀레 물론이죠. 효제 누나의 성적표처럼 막대기 그림으로 나타내는 것을 통계과정에서는 '자료 처리'라고 하는데요. 자료를 처리할 때는 표, 그래프, 그림으로 나타내지요. 이러한 방법을 이용하면 자료를 한눈에 볼 수 있어요. 그래서 통계에서는 막대기 그림을 자주 사용하고 막대기 그림은 '막대그래프'라고 불러요.

그래프가 무엇인지 알고 있나요? 그래프란 통계의 결과를 한눈에 알아보게 하는 그림이나 표를 말해요. 그래서 그래프를 그리면, 통계의 결과를 알아보기 쉽죠. 통계에 사용되는 자료들을 계산한 다음에는 그 값을 그래프로 옮기는 게 좋아요.

효제 통계의 결과를 한눈에 보게 해 준다니, 그래프는 참 좋은 것 같아요. 그런데 그래프는 어떻게 그리죠?

케틀레 어떤 그래프를 그리느냐에 따라 그리는 방법이 조금씩 달라요. 그래프 중에서 가장 많이 사용되는 모양이 효제 누나가 받은 성적표와 같은 막대그래프예요. 지금부터 막대그래프에 대해서 이야기해 볼게요.

막대그래프란 기준에 따라 변하는 값을 막대기로 그리는 것을 말해요. 효제네 반 친구들이 좋아하는 운동을 조사하여 다음과 같이 **표2**로 정리했어요.

표2. 효제네 반 친구들이 좋아하는 운동

좋아하는 운동	농구	축구	수영	야구	스키
인원(명)	7	11	5	3	4

그 다음에는 좋아하는 사람 수만큼 막대기로 표현했지요. **그림 3**처럼 조사값을 막대로 그리는 것이 막대그래프예요.

그림 3

효제 와~ 이렇게 막대그래프로 나타내니, 친구들이 좋아하는 운동의 순서가 한눈에 들어와요!

케틀레 그게 바로 자료를 막대그래프로 나타내면 좋은 점이에요. 친구들이 좋아하는 운동을 **그림 3**과 같이 막대그래프로 그리면, 가장 많은 표를 얻은 운동이 무엇인지, 가장 적은 표를 얻은 운동이 무엇인지 한눈에 알아볼 수 있어요. 이러한 점 때문에 통계에서는 막대그래프를 많이 활용한답니다.

막대그래프는 두 가지 이상의 자료를 그려 넣을 수도 있어요. **그림 4**는 효제네 학교와 옆 학교의 입학생 수를 나타낸 막대그래프예요. **그림 4**처럼 둘 이상의 자료를 함께 그리면, 자료들 사이의 차이가

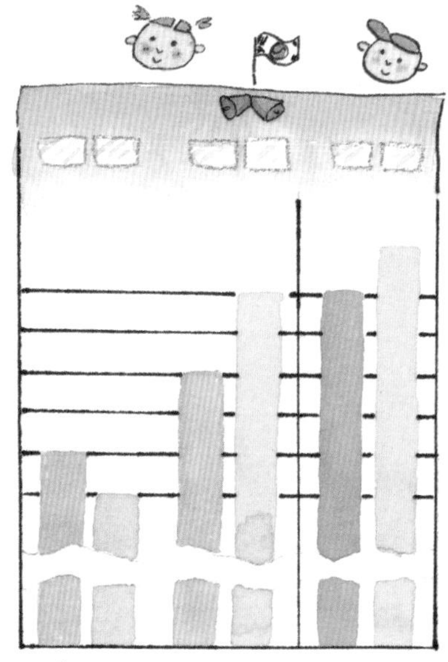

그림 4

어느 정도인지 한눈에 들어와서 좋아요.

효제 학생! **그림4**를 통해 효제네 학교와 옆 학교 모두 입학생이 해마다 늘고 있다는 사실과 효제네 학교 입학생이 2006년과 2008년에는 더 많다는 사실도 알 수 있겠죠? 이처럼 둘 이상의 자료를 막대그래프로 그리면, 두 자료간의 차이점이 무엇인지 바로 알 수 있어요.

효제 어, 그런데 선생님! 〈그림4〉를 보면, 그래프의 중간 부분이 잘려나갔어요! 그래서 그래프의 세로칸을 보면, 학생수가 50명에서 바로 350명으로 껑충 뛰어버려요!

케틀레 효제가 아직 물결선이 무엇인지 모르는군요. 중간부분을 자른 것은 선생님이 일부러 그런 거예요. 왜 중간부분을 잘라냈는지 궁금하죠?

우선 가운데 잘려 있는 부분이 어떤 모양인가요? 물결 모양이지요? 그래서 이것을 '물결선'이라고 불러요.

그래프에서 물결선은 필요 없는 부분을 잘라주지요. 두 학교의 입학생수를 비교할 때 중간에 비교하지 않아도 되는 숫자들은 과감히 잘라주는 것이지요. 이렇게 물결선을 이용해서 나타내면 불필요한 부분은 생략할 수 있어서 편리해요. 또 물결선을 사용하면 세로 눈금 한 칸의 크기가 커지기 때문에 자료값의 차이가 더 확실해지지요.

효제 네. 불필요한 값이 있거나 비교의 차이를 크게 하고 싶을 때는 물결선을 이용하면 편리하겠네요.

케틀레 자, 그럼 지금부터 막대그래프를 그리는 순서를 알아볼까요? 간단하기 때문에 금방 배울 수 있을 거예요.

막대그래프 따라 그리기!

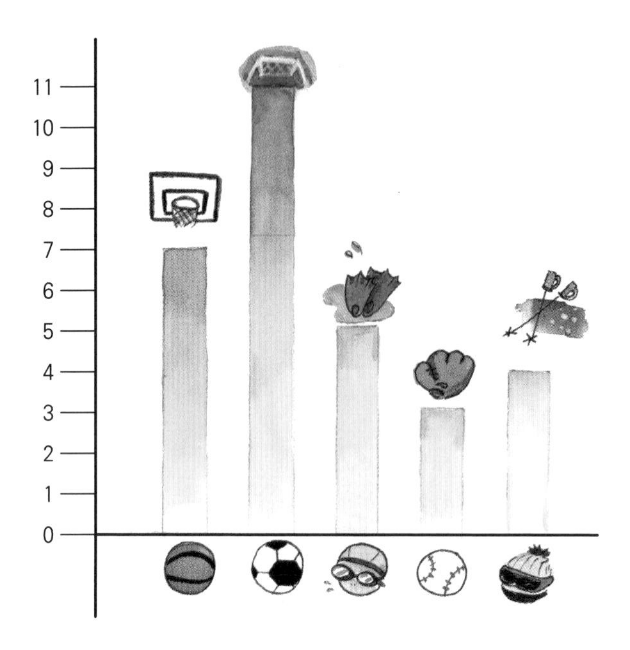

① 먼저 가로와 세로 눈금에 나다낼 것을 정하세요. 선생님은 가로는 친구들이 좋아하는 운동으로, 세로는 그 운동을 좋아하는 학생수로 정했어요.

② 세로 눈금 한 칸의 크기를 정하세요. 선생님은 세로 눈금의 크기를 사람 수 1명으로 정했어요.

③ 가로와 세로의 내용과 세로 눈금의 크기를 정했다면, 이제 조사한 수에 맞게 막대를 그리면 돼요.

④ 막대그래프에 제목을 붙여 주세요.

조사한 값이 아래와 같이 크다면 어떻게 해야 할까요?

표3. 효제네 학교 학년별 학생수

학년	1학년	2학년	3학년
학생수(명)	400	500	600

이렇게 조사한 값이 클 때에는 세로 눈금의 크기를 크게 잡아주면 돼요. 학년마다 인원수가 100명씩 많아지고 있으므로, 세로 눈금 하나의 크기를 100으로 잡아보았어요. 만약 이렇게 하지 않고 눈금 한 칸을 1로 잡았다면, 그래프를 그릴 종이의 길이가 엄청 길어야겠죠?

효제 선생님, 생각보다 쉽게 그릴 수 있겠는데요! 그냥 표로 보는 것보다 막대그래프로 그린 자료가 훨씬 눈에 잘 들어와요.

케틀레 이번에는 효제 학생이 직접 막대그래프를 그려볼래요? **표4**는 2007년 1월부터 4월까지의 날씨를 조사한 자료예요. 효제는 1~4월 중에서 몇 월의 날씨를 그래프로 그려보고 싶은가요?

표4 2007년 1~4월의 날씨

날씨	맑음	구름조금	구름많음	흐림	비	눈
1월	11	6	8	0	4	2
2월	12	4	4	1	7	0
3월	4	5	5	0	15	2
4월	9	2	6	1	12	0

효제 4월요! 왜냐하면 제 생일이 4월이거든요. 헤헤~.

케틀레 네, 좋아요. 효제의 생일이 있는 4월을 그려보죠. **표4**를 보면 4월은 30일 중에서 맑은 날이 9일, 구름 조금인 날이 2일, 구름 많은 날이 6일, 흐린 날이 1일, 비가 온 날이 12일, 눈이 온 날이 0일이었어요.

자, 그럼 6가지 날씨 유형에 따라 막대그래프를 그려볼까요? 막대그래프 그리는 순서를 잘 익힌 뒤 혼자 힘으로 그려보세요.

막대그래프 그리는 순서

가로, 세로 칸 정하기
⇩
세로 눈금 정하기
⇩
막대 그리기

효제 네, 선생님!

① 먼저 그래프의 가로는 날씨의 6가지 유형으로 정했고, 세로는 날씨가 나타난 횟수(일)로 정했어요.

② 세로 눈금의 크기는 한 눈금을 2일로 정했어요.

③ 마지막으로 날씨의 횟수를 막대로 그려보았어요.

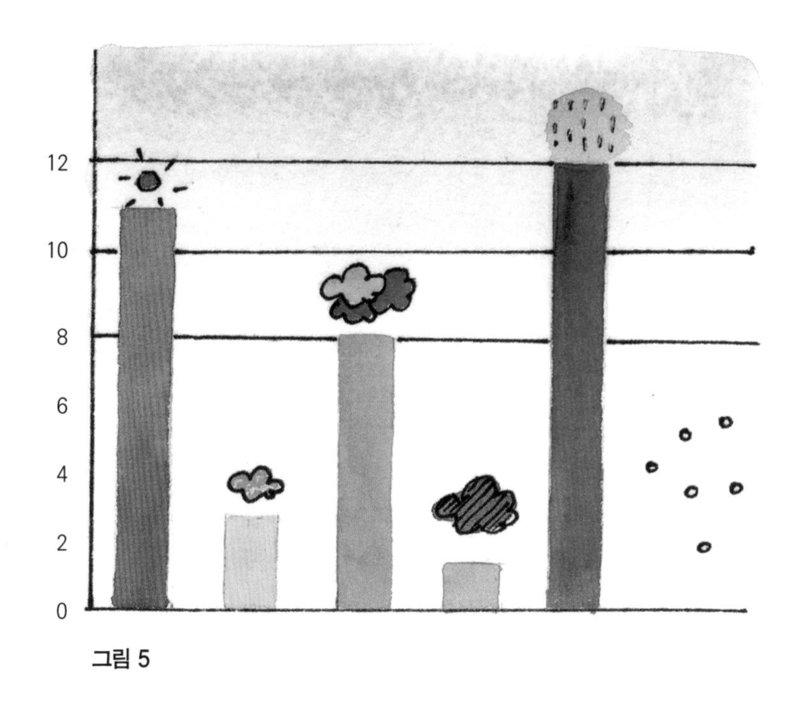

그림 5

와! 이렇게 막대그래프로 나타내보니, 4월에는 비가 온 날이 가장 많았군요.

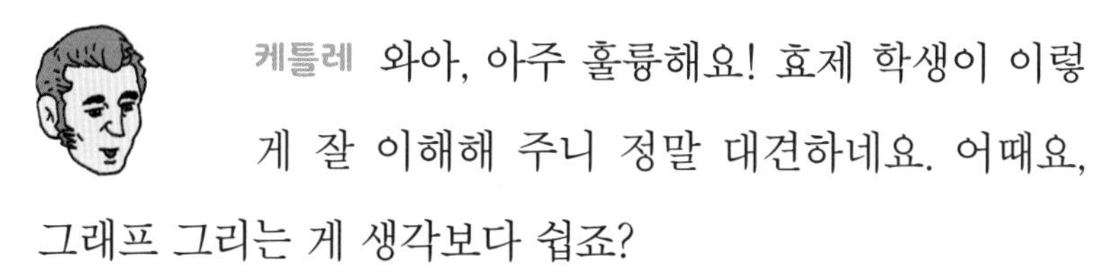

케틀레 와아, 아주 훌륭해요! 효제 학생이 이렇게 잘 이해해 주니 정말 대견하네요. 어때요, 그래프 그리는 게 생각보다 쉽죠?

그런데 효제 학생! 막대그래프를 그리는 것으로 끝내서는 안 돼요. **그림5**의 그래프로 4월의 날씨가 우리 생활에 어떤 영향을 미쳤는지 해석해야만 해요. 그래야만 통계를 제대로 활용했다고 말할 수 있어요.

효제 아, 그렇군요. 그럼…… 4월에는 비가 오는 날이 제일 많았으니까, 우산이 많이 팔렸을 거 같아요. 교통사고도 다른 달보다 많았을 거 같고, 습도도 높았을 거예요. 그리고 무엇보다 저는 축구를 자주 하지 못해서 속상한 날이 많았을 거예요. 헤헤헤.

케틀레 참, 잘했어요! 방금 효제가 한 것처럼 그래프를 보고 일어날 일을 예상하는 것을 '자료를 해석한다'라고 해요. 자료를 해석하려면 자료가 한눈에 들어오면 더 좋겠죠? 우리가 자료를 막대그래프로 그리는 것은 바로 자료해석을 더 잘하기 위해서랍니다.

4
1 2 3 4 5
6 7 8 9 10 11 12
13 14 15 16 17 18 19
20 21 22 23 24 25 26
27 28 29 30

효제 한마디로 막대그래프로 그리면 여러 가지 수치가 한눈에 들어오고 이를 바탕으로 자료를 해석하는 게 더 수월하다는 말씀이시죠?

케틀레 네, 바로 그거예요. 이제 자료를 막대그래프로 그리면 어떤 점이 좋은지 잘 알겠지요? 그럼, 다음 장에서는 꺾은선그래프의 좋은 점에 대해 공부해보도록 해요!

제 4 장

핵심정리

- 그래프란 자료의 분포를 한눈에 볼 수 있게 그림으로 나타낸 것이다.
- 막대그래프는 비교할 양이나 수치를 막대 모양으로 나타낸 그래프이다.
- 두 종류 이상의 자료를 막대그래프로 나타내면, 자료상의 수치 차이를 쉽게 비교할 수 있다.
- 막대그래프를 그릴 때에는 세로 눈금 한 칸의 크기를 얼마로 정하는지가 중요하다.
- 물결선을 이용하면 불필요한 세로 눈금을 자를 수 있다.

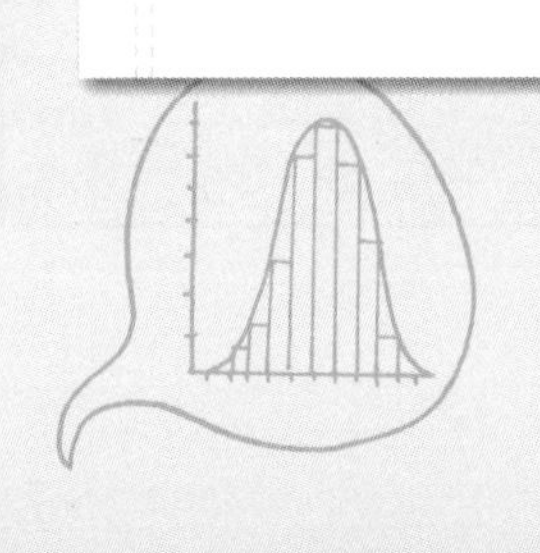

척
척
효제야!
너 지금 뭐하는 거야?
엄마가 제가 아이스크림을 너무 많이 먹는다고 하셔서요. 일주일 동안 얼마나 먹는지 조사하는 거예요.

내가 못 살아~ 그렇게 막대기 붙이는 게 무슨 조사라고! 에휴.
보세요! 월요일부터 일요일까지 먹은
아이스크림 막대기를 요일별로 나눠서 붙였잖아요.
월 화 수 목 금 토 일

토, 일요일은 막대가 가장 기니까 제일 많이 먹은 날, 수요일에는 막대기가 없으니까 전혀 안 먹은 날.

그래. 막대그래프 같구나. 그런데 대체 이런 걸 붙여서 알고 싶은 게 뭐니?

제가 무슨 날에 아이스크림을 많이 먹는지 알고 싶었어요. 토요일과 일요일에 많이 먹는 이유는…….

토요일

일요일
아이스크림 50% 세일

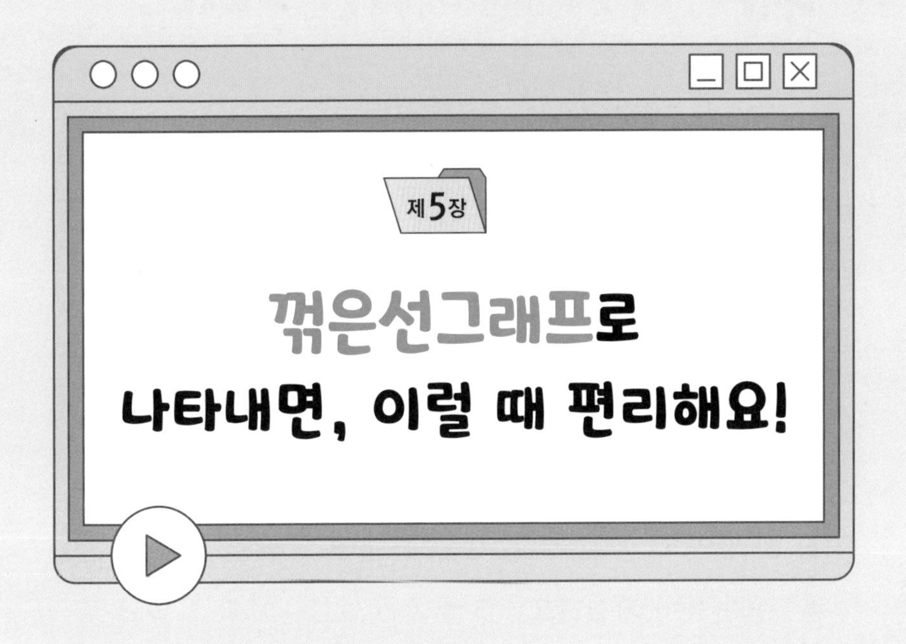

꺾은선그래프로 나타내면, 이럴 때 편리해요!

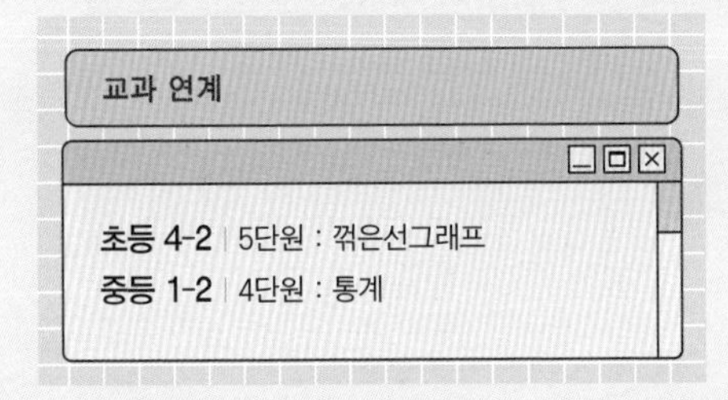

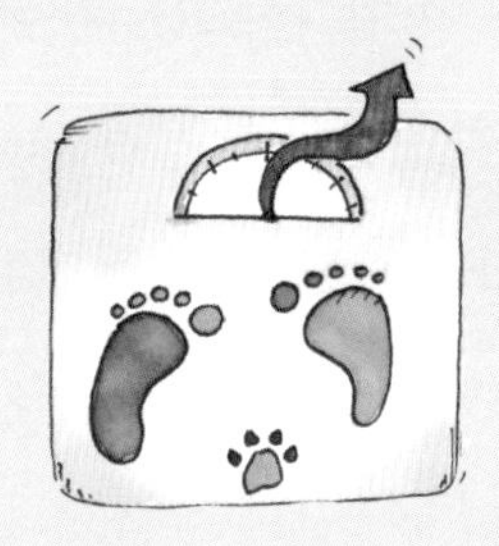

학습 목표

꺾은선그래프는 언제 사용하면 편리한지 살펴보고, 꺾은선그래프를 그리는 방법을 익혀 직접 그려본다.

효제 선생님, 지금부터는 꺾은선그래프를 그리는 방법을 가르쳐주실 거죠? 그런데 꺾은선그래프가 뭐예요?

케틀레 네, '꺾은선그래프'는 기준에 따라 변하는 값을 선을 꺾어서 나타내는 것을 말해요. 꺾은선그래프를 이용하면 시간이 지남에 따라 변하고 있는 모습이 어떤지를 알 수 있어요. 그러므로 시시각각 변하고 있는 내용에 대한 통계를 낼 때는 꺾은선그래프를 이용하는 게 좋아요. 예를 들면, 기온, 판매량, 출산율, 인기도, 환율, 주가 등이 되겠지요.

바깥 온도를 한 시간마다 재어 기록한 자료예요. **표5**를 꺾은선그래프로 그려서, 온도가 어떻게 변했는지 알아볼게요. 하지만 먼저 꺾은선그래프를 그리는 방법에 대해 알아볼까요?

표 5. 시간별 온도

시각(시)	아침 9시	10시	11시	12시	오후 1시	2시	3시
온도(℃)	7	8	10	13	17	16	14

꺾은선그래프 따라 그리기!

① 가로, 세로의 눈금에 나타낼 수치를 정하세요. 선생님은 가로는 시간, 세로는 온도로 정했어요.

② 세로 눈금 한 칸의 크기를 정하세요. 선생님은 1°C로 정했어요. 그리고 조사한 온도 중에서 가장 높은 온도를 나타낼 수 있도록 눈금의 개수를 잡으세요.

③ 조사한 온도를 가로와 세로 칸에 맞게 점을 찍고, 찍은 점들을 선분으로 이어 그리세요.

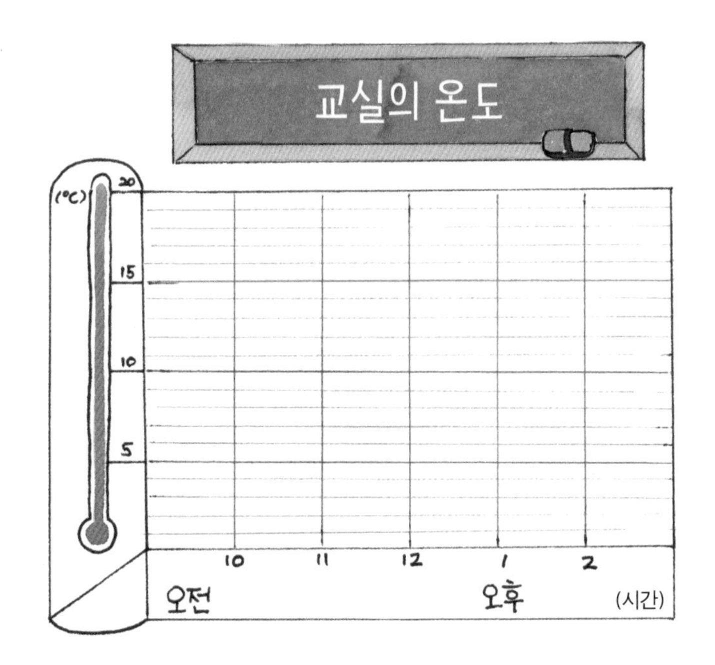

효제 바깥의 온도가 시간에 따라 어떻게 변했는지 잘 알 수 있는 그래프가 만들어졌네요. 그런데 선생님! 1시 30분의 온도는 재지 않았잖아요. 이럴 땐 몇 °C라고 읽어야 하나요?

케틀레 네, 아주 좋은 질문이에요. 우린 1시 30분의 온도는 재지 않았어요. 하지만 기온은 서서히 변하는 것이기 때문에 1시와 2시의 가운데 기온을 읽어주면 되지요. 꺾은선그래프는 각 점을 선분으로 이었기 때문에 1시 30분이었을 때의 기온은 1시와 2시 사이를 이은 선이 몇 도를 가리키는지를 보면 됩니다. 1시 30분에는 온도가 대략 17°C라는 것을 알 수 있네요.

이처럼 꺾은선그래프는 변화하고 있는 상태를 선으로 연결하기 때문에, 직접 측정하지 않은 값도 예측할 수 있어요. 그래서 어떤 자료의 변화량을 알고 싶을 때에는 꺾은선그래프를 많이 활용한답니다.

이제, 효제가 직접 꺾은선그래프를 그려볼까요? 효제가 가장 좋아하는 과목이 무엇인가요?

효제 수학이 제일 재미있어요.

케틀레 그럼, 효제의 수학 성적이 1년 동안 어떻게 변했는지 그래프로 그려보도록 하죠. 먼저 효제의 성적표를 보여 주겠어요?

수학 시험	1학기 중간	1학기 기말	2학기 중간	2학기 기말
효제의 점수	60	75	80	85
반 평균 점수	80	82	78	81

음…… 이 정도면 매우 훌륭한 걸요. 선생님이 볼 때, 효제는 수학 점수를 올리기 위해 1년 동안 많이 노력한 것 같아요. 앞으로 조금만 더 노력한다면 훌륭한 수학 점수를 받을 수 있겠어요!

효제 선생님께서 그렇게 말씀해 주시니 기운이 나요. 사실 늘 수학공부를 하는데도 성적이 잘 나오지 않는다고 엄마에게 혼나거든요. 전 정말 열심히 했는데, 그걸 알아주신 분은 선생님이 처음이에요.

케틀레 허허. 선생님 눈에는 효제가 수학을 열심히 공부했다는 게 보여요. 선생님뿐만 아니라 통계학을 공부한 사람이면 누구든지 효제의 노력을 알아볼 거예요. 만약 효제의 성적표를 꺾은선그래프로 그려서 어머니께 보여드린다면, 효제가 그동안 얼마나 노력했는지 알아보실 거예요.

자, 그렇다면 효제의 수학 성적을 꺾은선그래프로 그려 봅시다!

먼저 가로와 세로를 정해야겠죠. 가로는 시험을 쳤던 시기로, 세로는 수학 점수로 정하면 되겠군요. 다음 세로 눈금의 크기는 말이죠, 효제 학생의 수학 점수가 5의 배수로 되어 있으니까 한 눈금을 5점으로 잡으면 좋을 거 같아요. 점수표를 보고 가로와 세로를 맞추어 점을 찍고, 그 점들을 선으로 이으면 다음과 같은 꺾은선그래프가 완성되지요. 제목은 '효제의 수학 점수 변화'라고 지으면 좋겠군요.

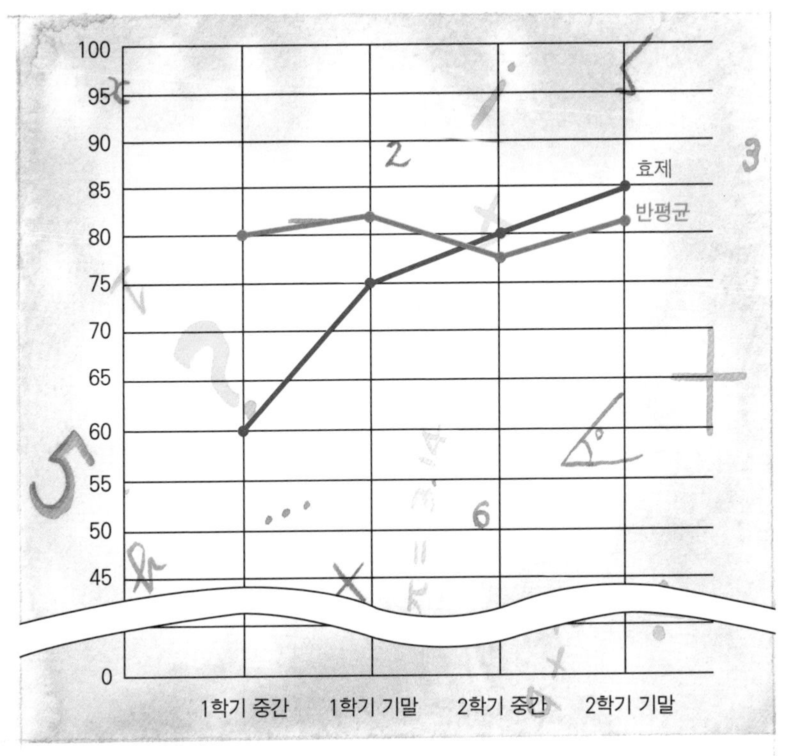

그림6. 효제의 수학 점수변화

짜자잔~! **그림6**의 그래프를 보세요. 효제의 수학 점수를 꺾은선그래프로 바꿔 보았어요. 꺾은선그래프로 그려보니, 그동안 수학 성적이 어떻게 변했는지 알아보기 쉬워졌죠?

1년 동안 효제네 반 수학 점수의 평균은 조금씩 오르락 내리락 했지만 효제의 성적은 꾸준히 오른 것이 보이죠. 1년 동안 무려 25점이나 올랐군요. 전체 학생의 수학 평균은 크게 변한 게 없기 때문에, 문제의 난이도는 계속 비슷했다고 할 수 있어요. 그런데 효제의 성적이 꾸준히 오른 것을 보면, 효제가 다른 학생들보다 수학공부를 열심히 했다는 것을 알 수 있지요.

특히, **그림6**에서는 불필요한 부분을 물결선으로 과감히 잘랐어요. 그래서 점수 변화를 더 뚜렷이 볼 수 있지요. 꼭 어머니께 이 그래프를 보여 드리세요! 효제가 수학 공부를 얼마나 열심히 하고 있는지 한눈에 보이니까요. 어머니께서 보시면 효제의 수학 성적이 많이 오른 것을 칭찬해 주실 거예요.

효제 네, 선생님. 제가 봐도 뿌듯할 만큼 수학 성적이 많이 올랐어요. 그런데 물결선을 사용하면 왜 변화가 잘 드러나는 건지 모르겠어요.

케틀레 그 이유는 다음의 두 그래프를 비교해 보면 알 수 있어요.

효제의 월별 몸무게

월	3	4	5	6	7
몸무게 (kg)	34.5	35.1	37.4	36.5	36.8

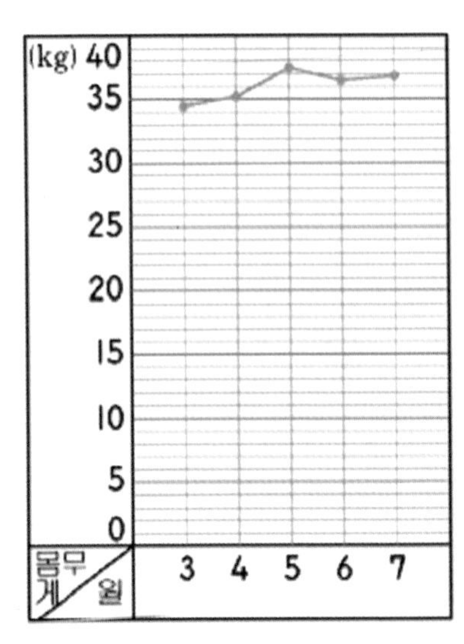

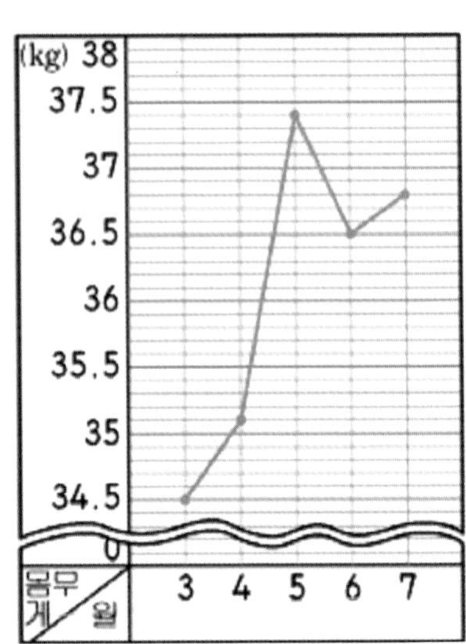

그림 7

효제 물결선을 사용한 그래프가 뚜렷한 변화를 보여 주네요. 왜 그런가요? 선생님!

케틀레 그 이유는 물결선을 사용하면 불필요한 부분을 생략할 수 있기 때문이지요. 물결선을 사용하지 않고 그래프를 그리려면, 세로 눈금을 0kg부터 40kg까지 표시해야 해요. 하지만 물결선을 사용하면 중간에 불필요한 눈금은 생략할 수 있지요. 세로 눈금을 34.5kg부터 40kg까지만 표시하면 되니까, 세로 눈금 하나의 크기를 더 자세한 값으로 설정해도 되지요.

그림7의 두 그래프를 보세요. 세로 눈금의 크기가 얼마인가요? 물결선을 사용하지 않은 그래프는 1kg이고, 물결선을 사용한 그래프는 0.5kg이죠? 그래서 물결선을 사용한 그래프는 물결선을 사용하지 않은 경우보다 몸무게의 변화가 더 크게 나타나는 거예요. 그러므로 물결선을 사용하면 불필요한 부분을 생략할 수 있고, 변화의 차이를 더 확실하게 표현할 수 있어 좋답니다.

효제 네. 물결선을 사용하면 세로 눈금을 더 정교하게 잴 수 있으니까, 변하는 양의 차이를 더 크게 나타낼 수 있는 거네요.

케틀레 그렇죠. 효제 학생이 물결선의 역할을 잘 이해한 것 같네요. 특히, 꺾은선그래프는 조사한 값의 변화 추세를 알고 싶을 때 사용한다고 했어요. 그러므로 조사한 값이 어떻게 변하고 있는지 한눈에 쏘옥 보고 싶다면, 물결선을 사용하는 것이 좋아요. 이런 이유로 물결선은 막대그래프보다 꺾은선그래프에서 더 많이 활용하고 있지요.

효제가 드디어 꺾은선그래프에 대해 모든 것을 알게 되었군요. 이제 꺾은선그래프라면 눈을 감고도 그릴 수 있겠죠? 허허허. 자, 그럼 다음 장에서는 새로운 그래프를 배우도록 해요!

- 꺾은선그래프는 자료값의 변화하는 모습을 살펴볼 때에 사용한다.

- 꺾은선그래프는 가로와 세로에 해당하는 값에 점을 찍은 다음, 그 점들을 선으로 연결하여 그린다.

- 꺾은선그래프에서 물결선을 사용하면 자료값이 변하는 모습을 보다 세밀하게 볼 수 있다.

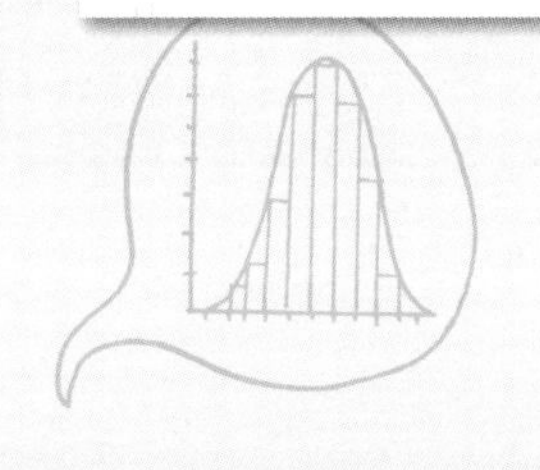

아빠, 왜 그러세요?

어라! 아빠 주식값이
내려갔어요!
OO주식 현황

너 이 그래프를
읽을 수
있는 거냐?
물론이죠! 이건
꺾은선그래프잖아요.
그래서 변화하는
모습을 한눈에
알아볼 수 있죠.

물결선을
사용했더라면
변화량이
더 제대로
나타났을
거예요.

아빠 주식이
완전 바닥을
향하는 모습이
제대로 나왔을
텐데, 아쉽다!

이 녀석이!
아빠의 주가가
떨어지게
생겼는데,
너는 그게
기쁜 거니?

물론이죠! 아빠, 엄마 몰래
비상금으로 주식한 거라서
벌 받는 거라고요!

엄마한텐
비밀이다.

제6장

줄기와 잎 그래프의 멋진 점!

교과 연계

초등 6-1 | 5단원 : 여러 가지 그래프

학습 목표

줄기와 잎 그래프는 어떻게 생겼으며 자료값을 효율적으로 이용할 수 있는지를 살펴보고 이 그래프의 장점을 알아본다.

효제 선생님~ 오늘은 어떤 그래프를 가르쳐주실 건가요? 막대나 꺾은선그래프보다 더 멋진 그래프라도 있나요?

케틀레 오늘은 '줄기와 잎 그래프'를 배울 텐데, 이 그래프가 막대나 꺾은선그래프보다 더 멋지다고 말해도 좋을지는 잘 모르겠네요. 하지만 한 가지 확실한 건, 줄기와 잎 그래프는 막대와 꺾은선그래프가 가지지 못한 장점을 가졌다는 거예요. 그것은 자료값이 그래프에 그대로 살아 있다는 것이지요.

효제 자료값이 살아 있다니…… 무슨 의미예요?

케틀레 그럼 줄기와 잎 그래프를 어떻게 그리는지 알아볼까요? 다음은 2007년 한국 프로야구 정규시즌에서 타자들이 친 홈런의 개수예요. 1위부터 20위까지만 모아봤어요. 이건 여담이지만 만약 이승엽 선수가 일본 프로야구에 진출하지 않고 한국에 있었다면, 아마도 이승엽 선수가 최고 기록을 가졌겠죠. 한국 경기에서 보지 못하게 되어 조금 서운하지만, 그래도 일본에서 이름을 날리고 있으니 정말 자랑스러워요!

08:45

2007년 한국프로야구 홈런 1~20위

크루즈(22)	최준석(16)	브룸바(29)	이대호(29)
이호준(14)	양준혁(22)	심정수(31)	고영민(12)
박용택(14)	김태균(21)	송지만(15)	이범호(21)
강민호(14)	발데스(13)	최동수(12)	조인성(13)
김동주(19)	정성훈(16)	박재홍(17)	박경완(15)
최정(16)			

자, 2007년 한국 프로야구의 홈런 기록을 가지고 줄기와 잎 그래프를 그려보도록 해요.

줄기와 잎 그래프 따라 그리기!

① 줄기와 잎을 정하세요. 일반적으로 자료의 가장 큰 자리 값이 줄기가 되고, 나머지 자릿값은 잎이 돼요.

② 아래와 같이 세로 선을 긋고, 세로선의 왼쪽에는 십의 자리를 쓰고, 세로선의 오른쪽은 일의 자리를 쓰세요. 십의 자리를 '줄기', 일의 자리는 '잎'이라고 불러요.

줄기	잎
1	6 4 2 4 5 4 3 2 3 9 6 7 5 6
2	2 9 9 2 1 1
3	1

③ 일의 자릿수를 가장 작은 것에서 큰 것의 순서대로 다시 쓰세요.

④ 줄기와 잎 그래프에 제목을 붙이세요.

줄기	잎
1	2 2 3 3 4 4 4 5 5 6 6 6 7 9
2	1 1 2 2 9 9
3	1

효제 줄기와 잎 그래프는 매우 간단하게 그릴 수 있네요. 그런데 이걸 보고, 어떻게 자료를 해석하죠?

케틀레 네, 얼핏 보기에는 매우 복잡해 보일 거예요. 우리가 지금까지 배운 막대그래프나 꺾은선그래프와는 조금 다르니까요. 먼저, 위의 그래프에서 줄기는 십의 자리를, 잎은 일의 자리를 나타내고 있어요. 그러므로 '1|2'는 숫자 '12'를 말해요. '1|3'은 숫자 '13'을 말하고요.

홈런왕 그래프에서 홈런의 개수가 10개 이상 20개 미만인 선수는 14명이에요. 줄기가 1, 즉 십의 자리가 1인 잎들을 세어보면 되지요. 홈런의 개수가 20개 이상 30개 미만인 선수는 6명이고, 홈런을 30개 이상 친 선수는 31개 기록을 가진 1명이 있네요.

효제 아! 줄기와 잎 그래프에서 잎의 양이 많으면 많을수록 그 값에 속하는 사람이 많은 거네요. 잎의 개수가 곧 자료의 수니까요.

케틀레 물론이죠. 그래서 줄기와 잎 그래프는 막대그래프를 옆으로 누여 놓았다고 생각할 수 있어요. 줄기와 잎 그래프를 막대그래프로 바꾸면 아래와 같이 되죠.

줄기	잎
1	2 2 3 3 4 4 4 5 5 6 6 6 7 9
2	1 1 2 2 9 9
3	1

2007년 한국 프로야구 홈런 1-20위

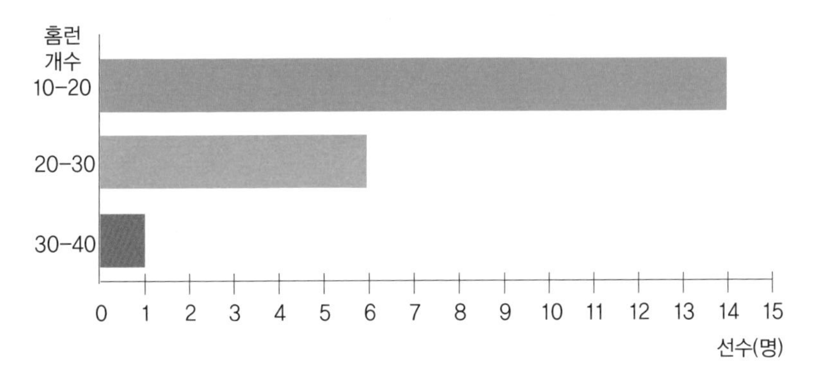

효제 네. 정말 막대그래프를 옆으로 누여 놓은 것과 똑같아요. 그럼 줄기와 잎 그래프는 막대그래프를 옆으로 누여 놓은 것과 같은 거잖아요.

케틀레 과연 그럴까요? 다음의 막대그래프를 보세요. 홈런을 10개 이상 20개 미만을 친 선

수는 몇 명인가요? 14명이죠. 그런데 14명의 기록이 각각 어떻게 되는지 알 수 있나요? 각 선수들에 대한 기록은 없기 때문에 14명이란 것 외에 알 수 있는 정보가 없어요.

2007년 한국 프로야구 홈런 1-20위

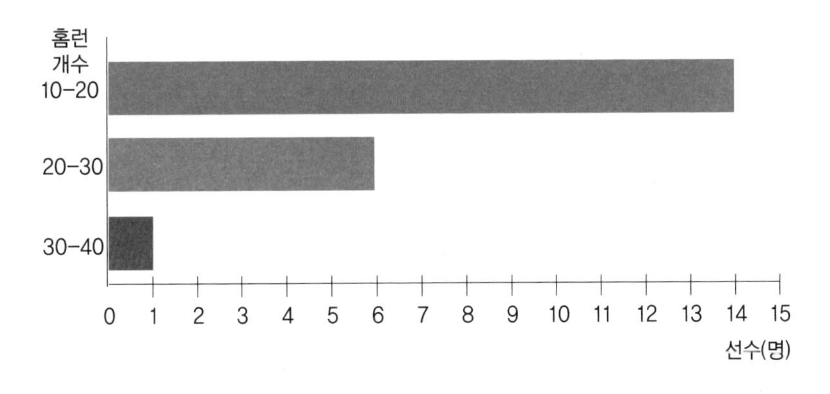

줄기	잎
1	2 2 3 3 4 4 4 5 5 6 6 6 7 9
2	1 1 2 2 9 9
3	1

하지만 막대그래프 옆의 줄기와 잎 그래프를 보세요. 10개 이상 20개 미만의 홈런을 친 선수는 모두 몇 명인가요? 14명이죠? 줄기와 잎 그래프는 14명의 친 홈런의 개수가

그대로 기록되어 있어요. 그래서 12개를 친 사람이 2명, 13개 2명, 14개 3명, 15개 2명, 16개 3명, 17개와 19개를 친 선수가 1명이라는 사실을 알 수 있지요.

이처럼 줄기와 잎 그래프는 자료의 내용을 시각적으로 보여 주면서, 각각의 자료값이 살아 있기 때문에 자세한 정보까지 알 수 있어요. 그래서 자료의 시각적 특징과 자료값을 동시에 알고 싶을 때에는 줄기와 잎 그래프를 그리는 것이지요. 줄기와 잎 그래프의 멋진 점을 꼭 기억해두세요!

다음은 효제네 반 학생들의 수학 성적이에요. 효제네 반 친구들의 수학 점수 분포가 어떠한지 줄기와 잎 그래프를 그려서 알아보려 해요.

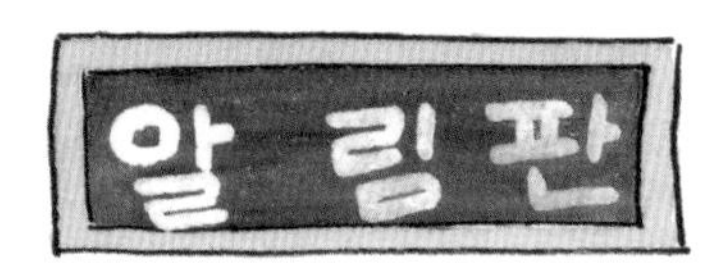

1반	점수	2반	점수
동률	72	태희	94
희선	88	세븐	86
효제	90	혜교	91
수경	100	호동	72
채영	75	동건	68
인성	96	소희	85
도연	77	동욱	87
효리	86	호영	70
민수	67	태지	83
윤아	98	경림	81

1반과 2반의 수학 성적이군요. 줄기와 잎 그래프로 그릴 테니까, 학생들의 수학 점수 분포와 받은 점수가 몇 점인지 알 수 있어요. '줄기와 잎 그래프'로 두 반의 성적을 비교하려면 어떻게 그리면 될까요? 줄기는 그대로 두고 오른쪽과 왼쪽 공간을 잎으로 활용하면 되지요.

1반 줄기(효제반)	잎	2반 줄기
7	6	8
2 5 7	7	0 2
6 8	8	1 3 5 6 7
0 6 8	9	1 4
0	10	

효제 이렇게 그리니까, 2반과 우리반의 수학 점수가 어떻게 다른지 한 눈에 들어오네요. 우리반은 점수별로 해당하는 학생이 비슷하고, 2반은 80점대에 많은 학생이 몰려 있어요.

케틀레 뿐만 아니라 각 반에서 얻은 점수가 몇 점인지도 알 수 있지요. 수학시험 1등은 1반에 100점을 받은 학생이네요. 그리고 꼴등도 1반에 있네요. 효제는 몇 등이죠? 90점을 받은 효제는 반에서는 4등을 했고, 전교에서는 6등을 했군요. 만약 막대그래프로 수학 점수 분포를 그렸다면, 가장 낮은 점수인 학생이 어느 반에 있으며, 효제의 수학 등수를 알 수 없을 거예요.

효제 제 수학 등수가 이렇게 좋은 줄 몰랐어요. 이래서 줄기와 잎 그래프가 멋지군요! 자료의 값이 살아 있으니 알 수 있는 정보가 더 많은 것 같아요. 앞으로 줄기와 잎 그래프를 자주 이용해야겠어요.

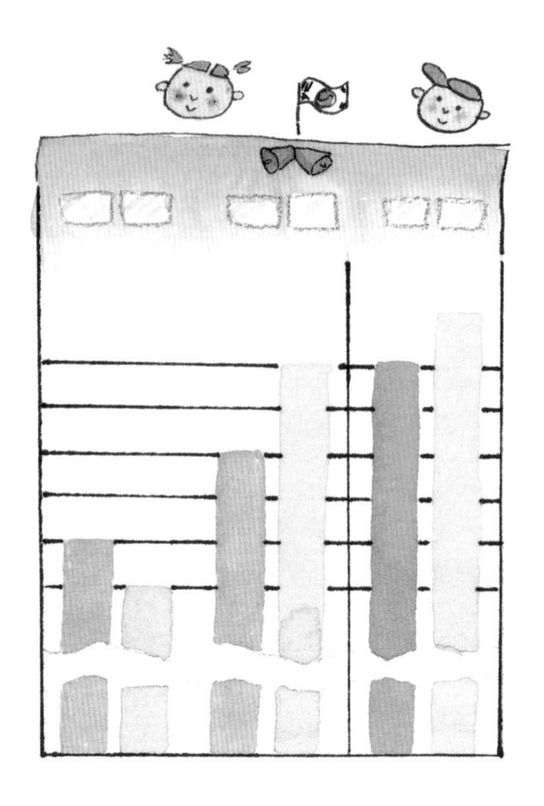

효제 역시, 줄기와 잎 그래프는 자료값이 살아 있어서 좋아! 좋아!

- 줄기와 잎 그래프는 막대그래프가 옆으로 누워 있는 가로막대그래프 모습과 비슷하다.

- 줄기에는 큰 자리값의 수를, 잎에는 작은 자리값의 수를 적는다. 예를 들면 12를 그래프에 옮기려면 줄기에는 1, 잎에는 2가 들어간다.

- 줄기와 잎 그래프는 자료의 분포를 한눈에 볼 수 있고, 그래프로 그려도 자료값이 사라지지 않고 살아 있다.

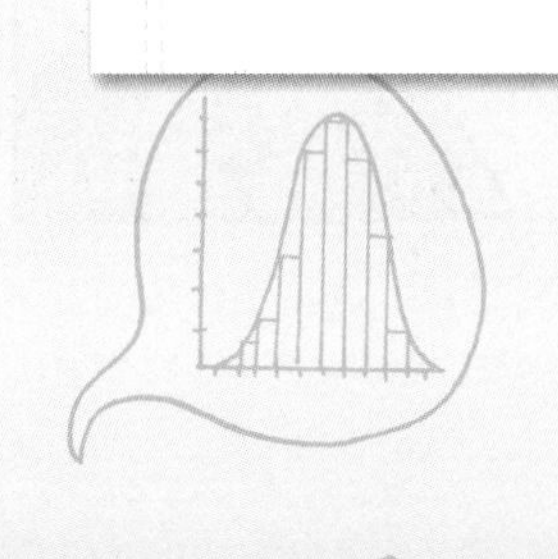

으흠…… 이제야 제대로
완성되었군. 모양이 나무와
닮았으니 줄기와 잎
그래프라고 해야겠군!

이 그래프는 오랜 연구의 결과
입니다. 자료의 정보가 그대로
살아 있으면서 한눈에 자료의
분포를 알아볼 수도
있죠!
잎
줄기
1 2
2 0.2.4.7.7
3
4 889

아니, 그게 무슨 대단한 연구란
말이오? 막대그래프랑
다를 바가 없잖소?

잘 보세요! 이 그래프는
헬스클럽 이용자가
10대는 1명, 20대는 5명,
30대는 2명, 40대는
4명이라는 걸
알려줘요.
잎
줄기
1 2
2 0.2.4.7.7.
3 1.6
4 5.8.8.9

그런 정보쯤은
가로막대그래프
도 알려 줄 수 있
소!
무슨 소리! 하지만,
10대 이용자의 나이,
20대 이용자의 나이와
같은 상세 정보는
막대그래프로는
알 수 없죠!

잎과 줄기 그래프는
10대 이용자의 나이는 12세,
20대 이용자는 20, 22, 24,
27, 27세란 걸 말해 줄 수
있으니, 얼마나 훌륭한
그래프입니까?
허허허..

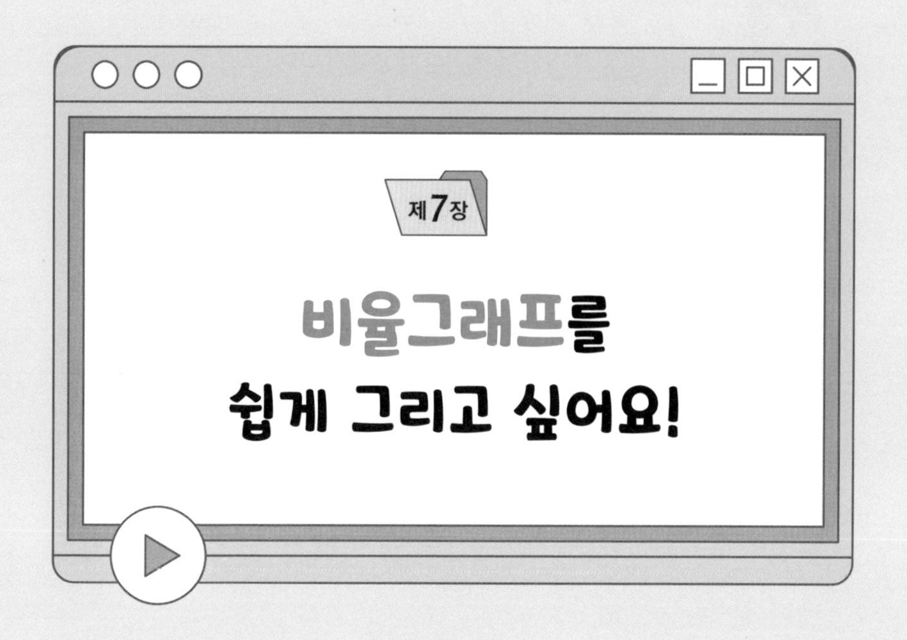

교과 연계

초등 6-1 | 5단원 : 여러 가지 그래프
중등 1-2 | 4단원 : 통계

학습 목표

비율그래프는 자료값을 어떻게 활용하여 그리는지 알아보고, 이를 나타내는 띠그래프나 원그래프를 그려보면서 이 그래프의 이점을 살펴본다.

효제 선생님! 비율그래프는 너무 어려워요. 계산이 왜 그렇게 복잡한지 모르겠어요.

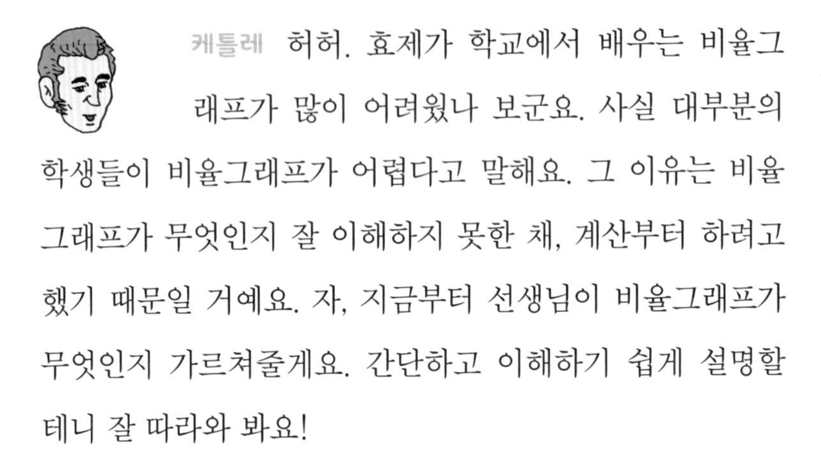

케틀레 허허. 효제가 학교에서 배우는 비율그래프가 많이 어려웠나 보군요. 사실 대부분의 학생들이 비율그래프가 어렵다고 말해요. 그 이유는 비율그래프가 무엇인지 잘 이해하지 못한 채, 계산부터 하려고 했기 때문일 거예요. 자, 지금부터 선생님이 비율그래프가 무엇인지 가르쳐줄게요. 간단하고 이해하기 쉽게 설명할 테니 잘 따라와 봐요!

'비율'이란 두 개의 양을 비교하는 거예요. 비율그래프에서 말하는 두 개의 양이란, 전체와 부분의 양을 말하는 것이지요. 다음은 효제네 학교 1학년 학생들의 혈액형을 조사한 표예요.

혈액형	A형	B형	O형	AB형	계
아동 수(명)	126	108	90	36	360

혈액형 조사 자료를 가지고 비율그래프를 그려볼게요. '비율그래프'는 전체에 대한 부분의 양을 비교하는 것이기 때문에 그래프를 그림으로 나타내는 게 좋아요. 일반적으로 많이 활용하는 그림은 띠와 원이에요. 띠를 이용한 그림을 띠그래프, 원을 이용한 그림을 원그래프라고 불러요.

위의 혈액형 자료를 띠나 원그래프로 나타내려면, 전체 학생 수에 대한 각 혈액형을 가진 학생 수의 비율이 얼마인지부터 구해야 해요. 전체에 대한 부분의 양을 구할 때는 백분율을 활용하는 것이 좋아요. 백분율을 활용하여 전체에 대한 4가지 혈액형을 가진 학생의 비를 구해 보면 다음과 같아요.

혈액형	A형	B형	O형	AB형	계
아동 수(명)	126	108	90	36	360

$$A\text{형}:\ \frac{126}{360}\times100=35\%$$

$$B\text{형}:\ \frac{108}{360}\times100=30\%$$

$$O\text{형}:\ \frac{90}{360}\times100=25\%$$

$$AB\text{형}:\ \frac{36}{360}100=10\%$$

각 혈액형에 대한 비율을 10㎝ 띠로 나타내면 다음과 같아요.

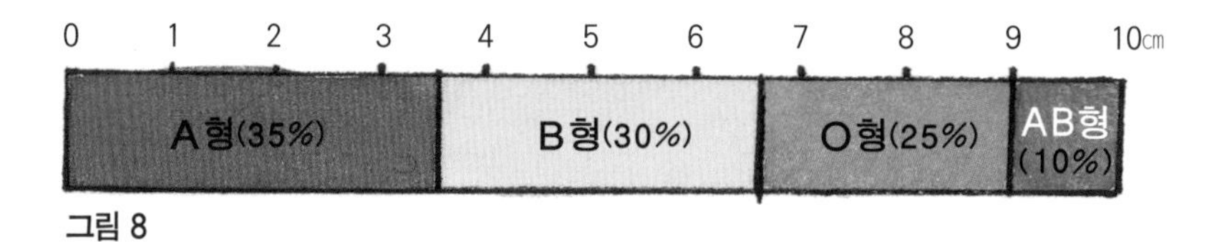

그림 8

그림 8을 보세요. A형은 전체 10센티미터의 35%를 차지해야 하니까 3.5센티미터로, B형은 30%인 3센티미터,

O형은 25%인 2.5센티미터, AB형은 10%인 1센티미터를 차지하도록 그리면 되지요. 이번에는 원그래프로 나타내볼까요?

원그래프를 그릴 때에는 먼저 전체에 대한 부분의 비율인 4가지 혈액형의 백분율을 구하세요. 그 다음 백분율에 따라 전체각 360°에 대한 중심각을 구하면 됩니다.

혈액형	A형	B형	O형	AB형	계
아동 수(명)	126	108	90	36	360

$$A\text{형}(35\%):\ \frac{35}{100}\times 360^{\circ}=126^{\circ}$$

$$B\text{형}(30\%):\ \frac{30}{100}\times 360^{\circ}=108^{\circ}$$

$$O\text{형}(25\%):\ \frac{25}{100}\times 360^{\circ}=90^{\circ}$$

$$AB\text{형}(10\%):\ \frac{10}{100}\times 360^{\circ}=36^{\circ}$$

우리가 구한 중심각에 따라 각 혈액형에 대한 비율을 원에 나타내면 다음 그림처럼 되지요.

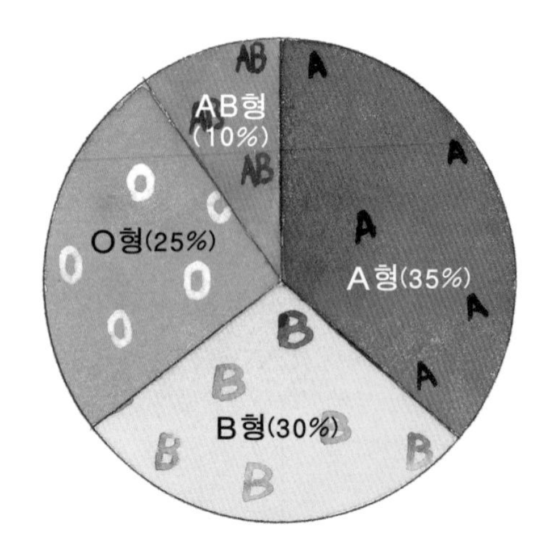

효제 와아~ 이렇게 띠그래프와 원그래프로 그리니, 전체에서 차지하는 비율이 어느 정도인지 볼 수 있네요.

케틀레 그게 바로 비율그래프의 장점이지요. 비율그래프는 비율의 크기를 통해 한눈에 쉽게 알 수 있어요. 하지만 자료값을 전체에서 차지하는 비율로만 나타냈기 때문에 자료가 가지고 있는 실제 양은 알 수 없다는 단점이 있지요.

그림 9의 원그래프를 보더라도 A형인 학생이 35%인 것은 쉽게 알 수 있지만 35%의 학생이 몇 명인지 알 수 없으니까요. 그러므로 비율그래프는 전체에 대한 부분의 양을 알고 싶을 때에만 활용하는 것이 좋겠죠?

비율그래프를 그리는 방법을 따라하기에서 정리해 보죠! '비율그래프 따라하기'만 잘 이해한다면, 어떤 비율그래프든지 쉽게 그릴 수 있을 거예요.

비율그래프 따라 그리기!

① 자료가 차지하는 비율을 계산하여 백분율로 나타내세요. 다음은 백분율을 구하는 식이랍니다.

$$\frac{\text{부분}}{\text{전체}}\text{의 양}\times 100$$

② 전체에 대한 부분의 양만큼 비율을 그림으로 나타내세요. 띠그래프에서는 센티미터를 이용하고, 원그래프에서는 각(°)을 이용하면 돼요. 특히 원그래프를 그릴 때에는 아래의 식으로 비율만큼 중심각의 크기를 구해야 합니다.

$$\frac{\text{계산한 백분율}}{100}\times\text{전체각}(360^\circ)$$

③ 비율그래프에 제목을 붙이세요.

어떤가요? 효제는 아직도 비율그래프를 그리는 게 어려운가요?

효제 아뇨, 선생님. 생각보다 너무 간단한 걸요. 전체에 대한 비율만 구하면 그 다음부터는 누워서 떡먹기에요!

케틀레 효제가 잘 배웠다니 다행이군요. 우리는 지금까지 막대그래프, 꺾은선그래프, 줄기와 잎 그래프를 배웠고, 학생들이 어려워한다는 비율그래프까지 공부해 보았어요. 이 네 가지가 통계에서 이용하는 그래프예요. 통계에서는 무엇을 알고 싶은가에 따라 네 가지 그래프 중에서 한 가지를 선택해서 그리지요.

각 그래프를 활용하는 경우를 다음과 같이 정리해 보았어요. 이 표를 잘 기억해두었다가 효제가 그래프를 그릴 때 가장 적합한 그래프를 선택할 수 있었으면 좋겠네요. 그래프 이론은 여기까지에요. 다음 장부터는 평균과 분산에 대해 배워봅시다.

그래프의 종류와 활용

그래프	활용 사례
막대그래프	자료의 분포 모습을 알고 싶을 때
꺾은선그래프	자료의 변화하는 추세를 알고 싶을 때
줄기와 잎 그래프	자료값과 분포 모습을 알고 싶을 때
비율그래프	전체에 대한 자료의 비율을 알고 싶을 때

- 비율그래프는 전체를 기준으로 할 때, 각 자료값이 차지하는 양이 얼마인지 나타내는 그래프이다.

- 비율그래프를 그릴 때에는 띠나 원을 이용한다.

- 띠를 이용한 비율그래프는 길이가 자료값의 비율을 말해 준다.

- 원을 이용한 비율그래프는 각(°)의 크기가 자료값의 비율을 말해 준다.

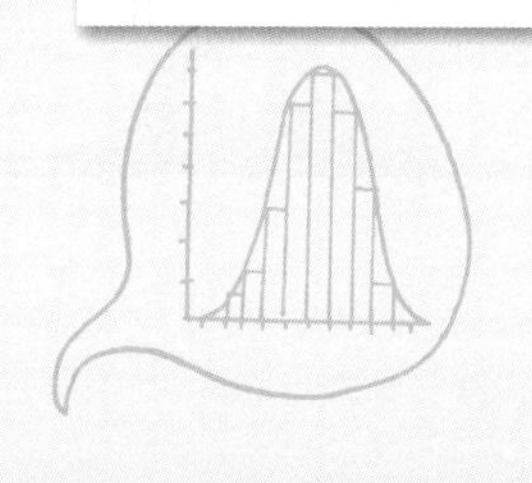

효제 학생,
남들보다 뱃살이
3배가 많군요.
아무래도 검사를
해야겠어요.

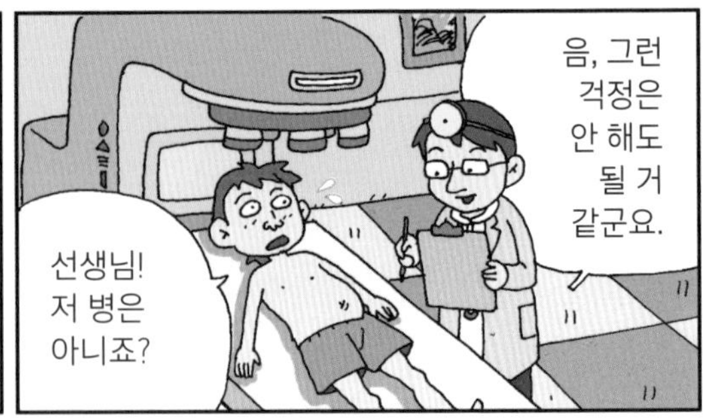
선생님!
저 병은
아니죠?
음, 그런
걱정은
안 해도
될 거
같군요.

이게 바로 효제 학생의 몸을
구성하는 것들이죠. 이것을
원그래프로 그려봤어요.
똥 30%
물 15%
지방
40%

보다시피 효제는 배에 지방이
지나치게 많아요. 40%가 지방이군요.
운동을 매일 2시간씩 해야겠어요!

어린 학생이 벌써부터 운동을
싫어하다니…… 이대로 있다간
나중에 사람이 아닌 돼지가
될 거예요!
네.

그런데 혹시
변비 있어요?
네. 친구들한텐
비밀인데…….

허허! 쑥스러워 말고,
오늘부턴 운동 2시간,
그리고 고기보단 야채를 많이
먹도록 해요.
변비치료에
좋으니까.

에휴~
운동은 싫지만
더 큰일나기 전에
운동해야지.

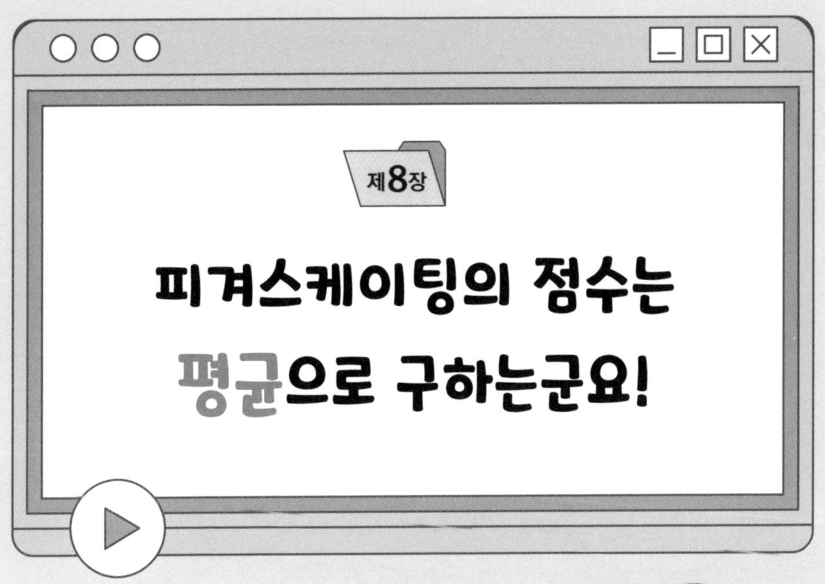

제8장

피겨스케이팅의 점수는 평균으로 구하는군요!

교과 연계

초등 5-2 | 6단원 : 평균과 가능성

학습 목표

평균이란 무엇인지 그 뜻을 알고 평균을 구하는 방법을 익혀 이를 구해 보도록 한다. 또한 평균은 어느 때에 이용하는지 살펴본다.

효제 선생님, 뭐하고 계세요?

케틀레 효제 학생, 어서 와요! 난 지금 피겨스케이팅 국제 그랑프리를 보고 있었어요. 지금 연기하고 있는 선수가 바로 한국의 김연아 선수예요. 참 잘하지요?

효제 우와! 빙상 위를 훨훨 날아다니는 나비 같아요. 그럼 오늘 통계 공부는 쉬고 계속 경기를 보는 게 어떨까요?

케틀레 하하! 통계 공부가 조금 지루해졌나 보군요. 그래도 쉴 수는 없죠! 김연아 선수의 1위 못지않게 통계 공부도 중요하니까요. 점수 매기는 것만 보고 계속해서 통계를 공부하죠!

평가항목	기술력	연기력	구성력
심사위원1	7.0	7.0	7.2
심사위원2	7.5	7.7	7.0
심사위원3	7.7	7.5	7.5
심사위원4	6.5	6.5	6.5
심사위원5	6.1	7.5	6.8
평 균	7.0	7.3	7.0

평균이 매우 높게 나왔군요! 아마도 김연아 선수가 1위가 될 거 같아요!

효제 와아! 선생님 말씀대로 김연아 선수가 세계기록을 세우며 1위를 했어요! 대단해요!

케틀레 네. 대단한 선수죠.

그런데 말이죠, 김연아 선수가 1위를 하기까지 얼마나 많은 노력을 했을지 생각해 보았나요? 모든 것은 노력한 만큼 거두기 마련이죠. 효제도 자신이 잘할 수 있는 일을 발견하면 최선을 다해서 노력하길 바라요. 그렇게만 한다면, 김연아 선수처럼 자신의 분야에서 최고가 될 수 있을 거예요.

효제 네, 선생님. 좋은 말씀 꼭 기억하며 열심히 할게요. 선생님, 그런데 아까 김연아 선수가 1위일 거라는 걸 어떻게 아셨어요?

케틀레 그건 선생님이 처음부터 끝까지 경기를 다 지켜봤는데 김연아 선수의 평균이 제일 높았어요.

효제 선생님! 평균은 학교 성적에서 사용하는 말 아닌가요? 그런데 운동경기에도 평균이 사용되나 보죠?

케틀레 허허허! 효제 학생이 아직 평균이 우리 생활에 얼마나 많이 이용되고 있는지 모르고 있었군요. 평균이 무엇이라 생각하나요? '평균'은 중심 경향을 말해요.

그러니까 효제네 반 학생들의 수학 점수에는 높은 점수, 낮은 점수, 보통인 점수 등 다양한 점수가 있을 거예요. 그

때 효제네 반을 대표할 수 있는 수학 점수는 어떤 점수여야 할까요? 가장 높은 점수가 대표해 줄까요? 가장 낮은 점수가 대표 점수일까요? 둘 다 효제네 반을 대표하는 점수라고 하기 어렵죠?

이처럼 개인별 점수보다는 전체를 나타낼 수 있는 점수가 필요할 때가 있어요. 이럴 때 우리는 평균점수를 사용하죠. 반 점수를 대표해 주는 평균점수는 가장 높은 점수도 낮은 점수도 아니에요. 어떻게 구하는 것인지는 다음 표를 보며 이야기해 줄게요.

평가항목	기술력	연기력	구성력
심사위원1	7.0	7.0	7.2
심사위원2	7.5	7.7	7.0
심사위원3	7.7	7.5	7.5
심사위원4	6.5	6.5	6.5
심사위원5	6.1	7.5	6.8
평 균	7.0	7.3	7.0

표6

표6을 보세요. 이것은 김연아 선수의 점수 기록표예요. 심사위원마다 같은 연기를 보고 매기는 점수가 다 다르죠?

이때 김연아 선수의 기술력 점수가 몇 점인지 정하려면 어떻게 해야 할까요? 가장 낮은 점수인 6.3을 주기도 어렵고, 가장 높은 점수인 7.7을 줄 수도 없겠죠? 이렇게 여러 가지의 점수에 대한 통계를 구할 때에 평균을 이용하는 것이 좋아요.

평균은 여러 개의 모든 점수를 고려하여 계산하기 때문에, 가장 합리적이고 공정한 점수라고 할 수 있죠. 김연아 선수가 받은 기술력 점수의 평균은 이렇게 구해요. 5명의 심사위원이 매긴 기술력 점수를 모두 더한 수를 심사위원의 수인 5로 나누면 되지요.

$$\frac{7+7.5+7.7+6.5+6.1}{5} = 6.9$$

효제 어! 하지만 김연아 선수의 기술력 점수의 평균은 7점인데요!

케틀레 허허. 그건 스포츠에서는 점수의 공정성을 위하여 평균을 계산할 때 최고점과 최저

점을 제외하는 것이 대부분이에요. 자기 나라 선수일 때 점수를 후하게 주고, 라이벌 선수일 때 일부러 적게 주는 것을 막기 위한 제도지요.

스포츠와 같이 점수를 매기는 대회가 아니라면, 평균을 구할 때 자료의 값을 모두 더해 주면 되지요. 그러므로 김연아 선수의 기술력 점수는 최고점과 최저점을 제외한 7, 7.5, 6.5, 세 점수를 더하고, 그 값을 심사위원의 수인 3으로 나누면 7이 돼요. 그러니까 평균은 각 자료값을 모두 더한 뒤 자료의 개수만큼 나눠주면 돼요. 간단히 식으로 나타내면 다음과 같이 쓸 수 있죠.

자료값: a, b, c, d, e일 때,

$$\text{평균} = \frac{a+b+c+d+e}{5}$$

효제 생각보다 매우 간단한데요! 항상 시험을 보고 나면, 평균이 얼마일지 궁금했지만 구하는 방법을 몰라서 성적표가 나올 때까지 기다려야 했거든요. 이제 스스로 구할 수 있으니 너무 좋아요!

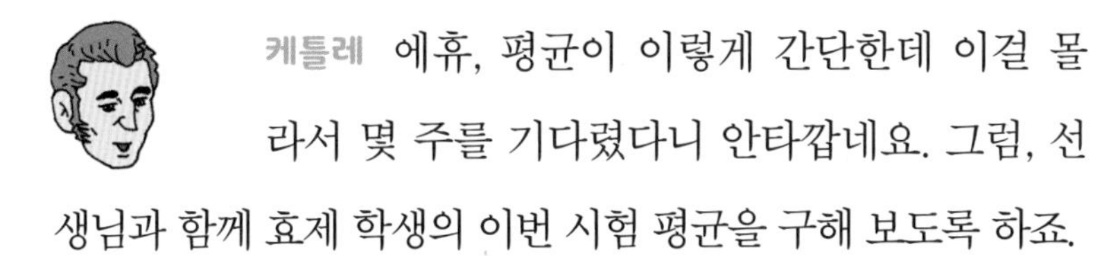

케틀레 에휴, 평균이 이렇게 간단한데 이걸 몰라서 몇 주를 기다렸다니 안타깝네요. 그럼, 선생님과 함께 효제 학생의 이번 시험 평균을 구해 보도록 하죠.

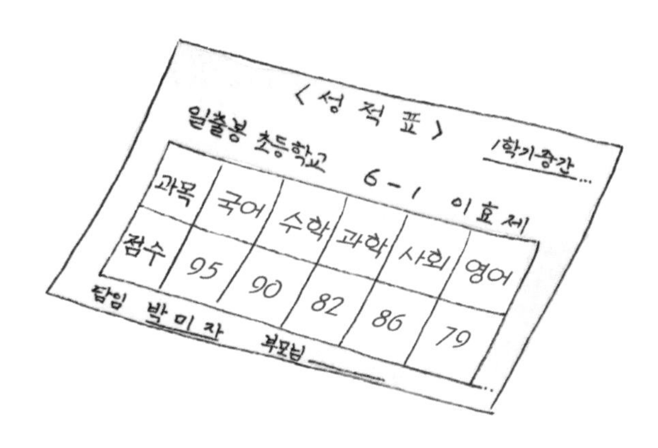

효제는 이번 시험에서 다섯 과목을 쳤네요. 다섯 과목의 점수를 모두 더하면 '95+90+82+86+79'이니까 총점은 '432점'이네요. 평균을 구하려면, 총점 432를 5로 나눠야겠죠? 왜냐면, 평균은 총점을 자료값의 개수로 나눈 값이니까요. 모두 5개 과목의 점수를 더했으니 5로 나누는 거지요. 이를 계산하면, 효제의 평균은 86.4점이군요.

점수의 합	평균
432	$\frac{432}{5}=86.4$

효제 86.4점이라고요? 으흑, 지난번 시험보다 무려 5점이나 떨어졌어요. 엄마한테 혼나겠어요.

케틀레 너무 걱정하지 말아요. 지금부터라도 열심히 한다면 언제든지 성적을 올릴 수 있어요. 김연아 선수의 경기를 보면서 선생님과 한 약속을 잊지 마세요. 우리가 열심히 하면 무엇이든지 해낼 수 있거든요. 선생님을 보세요. 선생님은 처음에는 문학가였고 남들보다 늦게 통계학을 시작했는데도 열심히 한 덕분에 결국 유명한 통계학자가 되었잖아요? 그러니까 효제도 할 수 있어요!

효제 네, 선생님. 이제부터는 정말 열심히 하겠습니다!

케틀레 효제 학생의 굳은 다짐을 보니 앞으로의 성적이 기대되는군요. 책상 앞에 붙여진 꺾은선그래프가 뭐죠? 아하, 다음 시험에서 받을 목표 점

수로군요. 이렇게 효제의 생활에서 배운 그래프를 활용하는 모습을 보니, 선생님 마음이 참 뿌듯합니다. 다음 시험의 평균은 효제가 직접 구할 수 있겠죠? 다음에는 꼭 목표로 한 평균 점수를 받을 수 있었으면 좋겠네요.

선생님이 평균을 구하는 방법을 다음에 나오는 대로 따라 해 보기를 통해 정리할 테니 효제는 8장을 잘 공부했는지 스스로 정리해 보세요.

평균계산 따라 해보기!

(자료값 : a, b, c, d, e)

① 자료의 개수를 확인한다.

⋯› 5개

② 모든 자료값을 더한다.

⋯› $a + b + c + d + e$

③ 자료값의 총합을 자료의 개수로 나눈다.

⋯› $\frac{a+b+c+d+e}{5}$

- 평균이란 자료의 여러 가지 값들을 대표하는 중간 값을 말한다.

- 평균을 구하는 방법은 각 자료값을 모두 더한 뒤, 자료값의 총합을 자료의 개수로 나눈다.

- 평균은 여러 가지 자료값을 가지고 전반적인 값이 얼마인지 알아볼 때 사용하면 되는데, 시험 성적이나 스포츠 경기에서 선수의 능력을 평가할 때 활용하고 있다.

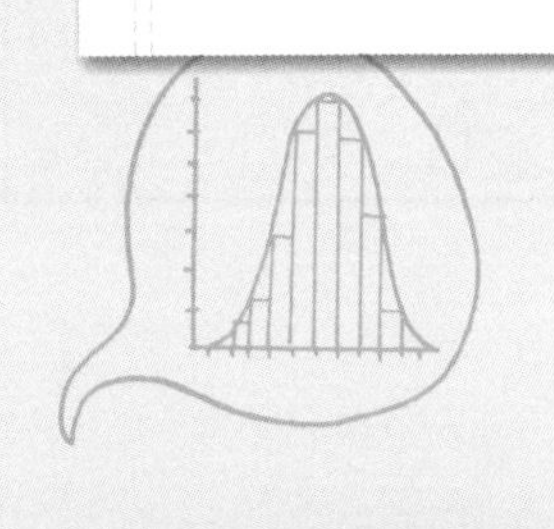

효제야,
시험이 언제지?

다음 주예요! 이번에
평균을 5점 더 올리면
뭐 해 주실 거예요?

넌 뭐 받으려고 공부하니?
평균이 오르면 네게
좋은 거잖아?

그렇게 말씀
하신다면, 제가 엄마한테
주식 이야기를…….
그래, 알았다.
그럼 내가 MP3를
사주마.

헤헤,
약속했어요!
MP3!

효제, 너 평균
구하는 방법은 알아?

아니! 무슨 말씀을!
저 얼마 전에 배웠다고요.
생각보다 쉽던데요!

내 점수를 다 더한 뒤,
과목 수로 나눠주면 돼!
80+90+95+75+85
5

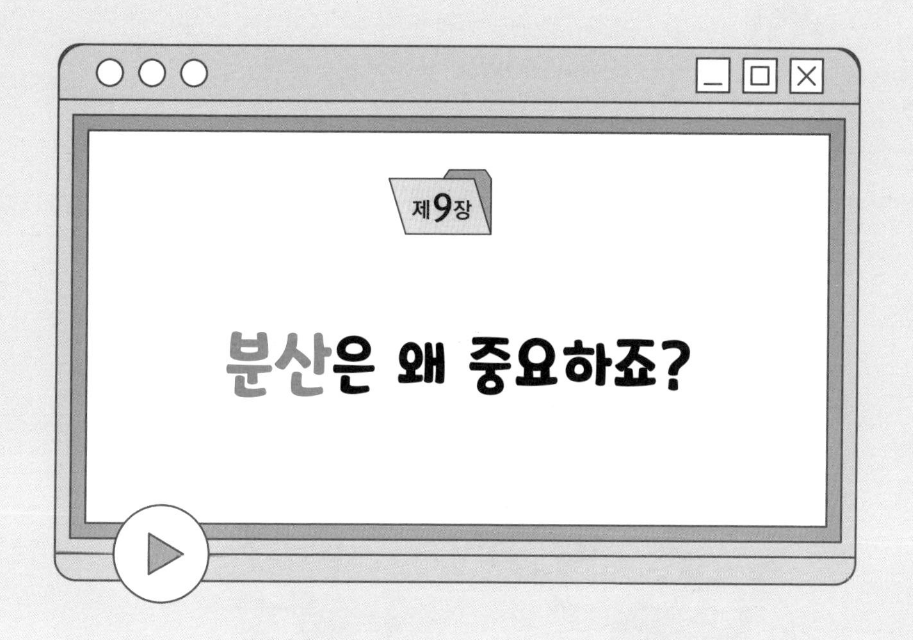

교과 연계

초등 6-1 | 5단원 : 여러 가지 그래프
중등 3-2 | 6단원 : 통계

학습 목표

평균을 계산할 때 사용하는 분산의 뜻이 무엇이며 이를 이용해 자료값을 해석하는 방법을 알아본다.

효제 선생님! 기쁜 소식이 있어요. 제가 해냈어요! 이번 시험에서 평균 95점을 받았어요.

케틀레 와~ 정말 대단하네요. 거봐요, 뭐든지 열심히 하면 못 해낼 일이 없다고요. 꺾은선그래프를 책상 앞에 붙여두더니, 그 점수를 드디어 받았군요.

효제 네. 이게 다 선생님 덕분이에요. 그리고 또 기쁜 소식이 하나 더 있어요. 우리반이 이번에 학년에서 1등을 했어요. 대단하죠?

케틀레 정말 축하해요. 좋은 일이 두 개나 겹쳤군요. 이럴 때 금상첨화라는 말을 하죠. 효제네 반은 평균은 높지만, 학생들 간의 점수 차이가 2반보다 크군요. 잘하는 학생이 많은 만큼 못하는 학생도 많은 반이군요. 한마디로 '분산이 크다'고 할 수 있죠.

반	1(효제)	2	3	4	5
평균	80	76.1	78.4	77	76.5
분산	2.2	0.54	0.72	1.41	1.05

효제 분산이 크다니요? 그게 뭐예요? 평균이 높으면 우리반 친구들이 2반보다 잘한 게 아닌가요? 우리반이 2반보다 못하는 애들이 더 많을 수도 있다는 건가요?

케틀레 네, 하위권 학생이 2반보다 많을 수도 있어요. 분산이란 자료값이 흩어진 정도를 말하지요. 효제네 반 학생들의 성적분포가 어떠한지 말해 주죠. 분산이라는 말은 요즘 은행 광고에 자주 나와요. 은행 광고에 분산투자라는 말이 많이 나오는데, 분산투자란 투자를 한 곳에 다 몰아서 하지 말고, 여기저기 나누어서 하라는 것이에요. 한마디로 흩어져서 투자하라는 말이지요.

수학에서 말하는 분산은 평균과 관련 있는 개념이에요. 자료값이 평균으로부터 얼마나 떨어져 있는가를 따지는 것이지요. 자, 운동장에 서 있는 졸라맨들을 보세요. 어느 그

림의 졸라맨들이 기준에 가까이 서 있나요? 기준에서 떨어진 졸라맨들이 많으면 분산이 크고, 졸라맨들이 기준에서 가까우면 분산이 작다고 해요. 분산은 흩어진 정도를 말해주니까요.

효제 우와~ 이렇게 보니까 분산이 무엇인지 한눈에 들어오는데요!

케틀레 분산에 기초하여 **표7**의 다섯 반을 비교하면, 1반은 평균점수와의 차이가 큰 학생이 많은데 비해, 2반은 적어요. 이것은 1반은 그만큼 학생들의 수준 차이가 크다는 거예요. 반면에 2반은 친구들의 실력이 서로 비슷하지요.

표 7

반	1(효제)	2	3	4	5
평균	80	76.1	78.4	77	76.5
분산	2.2	0.54	0.72	1.41	1.05

2반 : 수준 차이가 작은 경우

효제 아, 이제야 분산이 무엇인지 확실히 알겠어요. 1반처럼 점수가 평균에서 떨어져 있는 학생이 많으면 분산이 크고, 2반처럼 평균점수 가까이에 몰려 있으면 분산이 작은 거죠?

케틀레 네, 바로 그거예요. 분산은 어려워할 것 없어요. 이것만 기억하면 돼요. '평균에서 떨어진 자료값이 많으면 분산이 커지고, 평균과 가까운 자료값이 많으면 분산이 작아진다'라고 말이죠.

기준이나 평균을 중심으로 흩어진 정도가 많을수록 분산이 커진답니다. 이제, 분산을 계산하는 방법을 알아볼까요? 아래에는 효제네 반 어느 친구가 자신의 수학 점수로 분산을 구한 것이에요. 이 학생이 어떻게 분산을 계산했는지 살펴보면, 분산이 무엇인지 금방 이해할 수 있을 거예요.

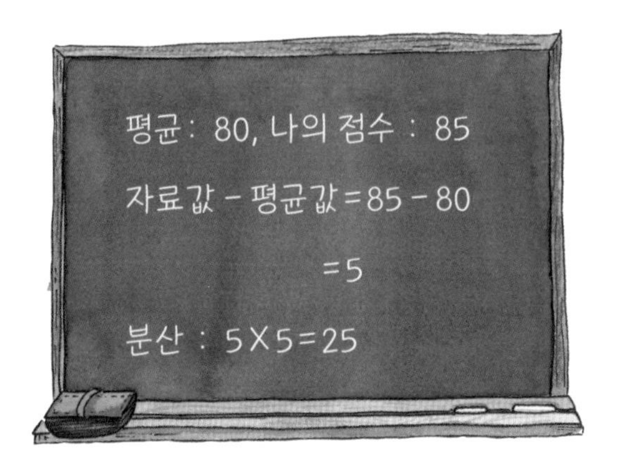

분산은 보다시피, 자료값에서 평균값을 뺀 것을 두 번 곱하는 거예요. 그러므로 자료값과 평균값의 차이가 클수록 분산도 커지지요. 분산이 크다는 것은 무엇을 의미할까요? 내 점수와 반 평균 점수의 차이가 크다는 것이겠죠? 한마디로 내가 평균보다 시험을 잘 보았거나 반대로 형편없이 봤다는 뜻이지요.

그렇다면 효제의 점수의 분산이 크면 효제는 어떤 상태에 놓이는 거죠?

효제 불안한 상태요! 그건 시험을 매우 잘 봤거나 그 반대라는 건데…… 왠지 못 봤을 거 같아요.

케틀레 걱정 말아요. 다른 친구들보다 잘 봐서 분산이 크게 나온 것일 수도 있어요! 자신감을

가져요. 자신감은 공부뿐만 아니라 모든 일에 성공을 가져다 줘요.

효제 네, 선생님. 저는 평소에 공부를 잘하는 편이 아니라서 공부에 있어서는 늘 이렇게 자신감이 없었어요. 축구에서 골을 넣을 때 자신감을 가지고 차야만 골인이 되듯이 이제 공부도 축구할 때처럼 자신감을 가지고 할게요. 그런데 반 전체의 분산은 어떻게 구하나요?

케틀레 반 전체의 분산을 구하려면 반 학생 모두의 수학 점수를 각각 분산 계산에 넣어줘야겠죠? 반 전체의 분산은 다음과 같이 구해요.

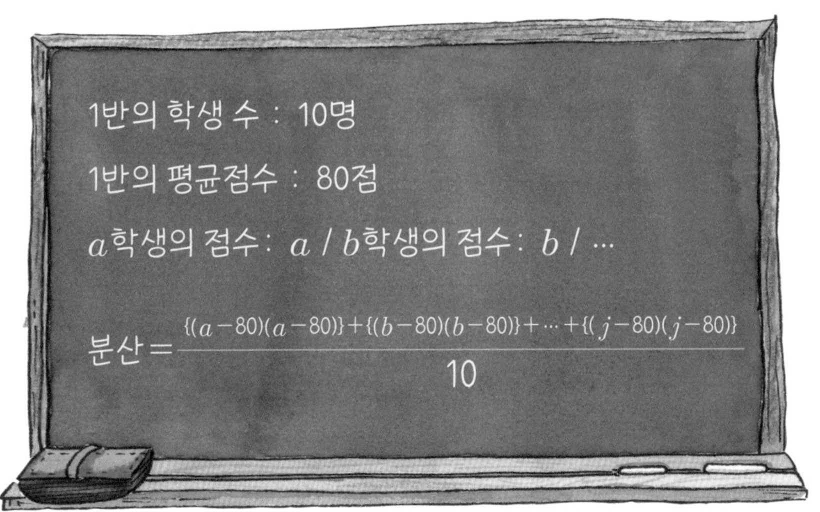

1반의 학생 수 : 10명

1반의 평균점수 : 80점

a학생의 점수: a / b학생의 점수: b / …

$$분산=\frac{\{(a-80)(a-80)\}+\{(b-80)(b-80)\}+\cdots+\{(j-80)(j-80)\}}{10}$$

케틀레 자료값이 평균과 같으면 그때는 분산이 0이 되지요. 왜냐하면 분산은 자료값-평균을 두 번 곱하는 거라고 했죠? 자료값이 평균과 모두 a로 같으면 자료값-평균은 $a-a$이므로 0이에요. 0은 아무리 여러 번 곱해도 0이니까 자료값과 평균이 같으면 분산은 0이랍니다.

또 자료값이 평균보다 작아서 자료값-평균이 음수가 나올 수도 있어요. 예를 들어 자료값이 5점, 평균이 6점인 경우에는, 자료값-평균은 '5-6'이므로 -1이 돼요. 만약, 음수의 곱셈 계산을 모르는 학생이라면, 이런 경우에 자료값-평균은 그냥 큰 수에서 작은 수를 빼는 것으로만 기억하는 게 좋겠어요. 자료값 5점과 평균 6점 중에서 6이 5보다 크니깐 6-5라고 생각하면 되지요.

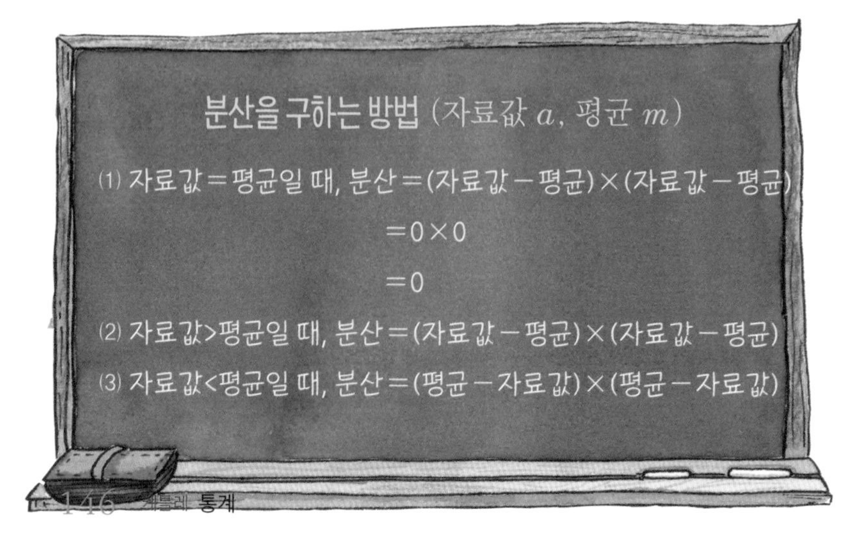

효제 아하, 그렇군요! 선생님, 분산 문제를 하나 내주세요. 제가 직접 풀어보고 싶어요!

케틀레 효제 학생이 풀어보는 건 언제든 환영이에요! 우리 속담에 '백번 듣는 것보다 한 번 보는 게 더 낫다'라는 말이 있지요? 선생님은 수학공부가 그렇다고 생각해요. 백 번 설명을 듣는 것보다 한 번 스스로 풀어보는 게 훨씬 도움이 되지요. 자, 다음은 1반과 2반의 100미터 달리기 시간을 기록한 자료예요. 이 자료를 가지고 각 반의 평균과 분산을 구해 보세요.

100m 달리기 기록

반	1번 학생	2번 학생	3번 학생	4 번 학생	5번 학생
1반	20	15	25	25	25
2반	15	25	15	20	20

효제 네, 지금부터 우리반과 2반의 100미터 달리기에 대한 평균과 분산을 구해 볼게요!

효제의 '분산' 구하는 비법

① 먼저 자료의 평균을 구한다.

⋯▸ 1반: $\frac{20+16+25+25+25}{5}=22$초

⋯▸ 2반: $\frac{16+25+15+20+20}{5}=19$초

② 자료값−평균의 곱을 각각 구한다.

1반 학생 (평균22초)	1번 학생	2번 학생	3번 학생	4 번 학생	5번 학생
100m 달리기 기록	20	15	25	25	25
자료값−평균	2	7	3	3	3
(자료값−평균)× (자료값−평균)	4	49	9	9	9

③ (자료값－평균)×(자료값－평균)을 모두 더한 다음, 자료의 수만큼 나누어준다. 즉, (자료값－평균)×(자료값－평균)의 평균을 구한다.

⋯▸ 1반의 분산도 : $\frac{4+49+9+9+9}{5}=14.2$

⋯▸ 2반의 분산도 : $\frac{16+36+16+1+1}{5}= 14$

④ 분산의 크기에 따라 두 집단을 비교한다.

⋯▸ 1반은 2반보다 달리기 실력차가 크다.

⋯▸ 2반은 1반보다 달리기 실력차가 작다.

효제 분산의 좋은 점을 이제야 알겠어요. 집단의 수준 차이가 어느 정도인지 알 수 있네요.

케틀레 그래요. 효제 말대로 분산의 크기가 집단 구성원끼리 점수 차이가 어떻게 나는지를 알려줘요. 분산을 구하는 이유가 바로 구성원 간의 수준 차이를 알아보기 위해서죠.

분산을 구하는 식은 복잡해 보이지만, '(자료값－평균)×(자료값－평균)'의 평균일 뿐이에요. 그래도 효제가 어렵다고 생각되면, 분산의 역할이라도 잘 기억했으면 해요. 분산은 자료의 흩어진 정도가 어떠한지를 말해줘요. 자료의 분포가 서로 비슷한 위치에 있다면 분산의 값이 작고, 자료의 분포가 서로 많이 떨어져 있다면 분산의 값이 크답니다.

제 9장

핵심정리

- 분산은 자료값의 흩어져 있는 분포 정도를 알려 준다.

- 자료값이 평균에서 멀리 분포하면 분산이 크고, 자료값이 평균에 가깝게 분포하면 분산이 작다.

- 성적 분포에서 분산이 크면 집단의 수준 차이가 크고, 분산이 작으면 집단의 수준 차이가 작다.

- 분산이 크면 그 집단은 서로 차이점이 많고(이질적), 분산이 작으면 그 집단은 서로 비슷하다(동질적).

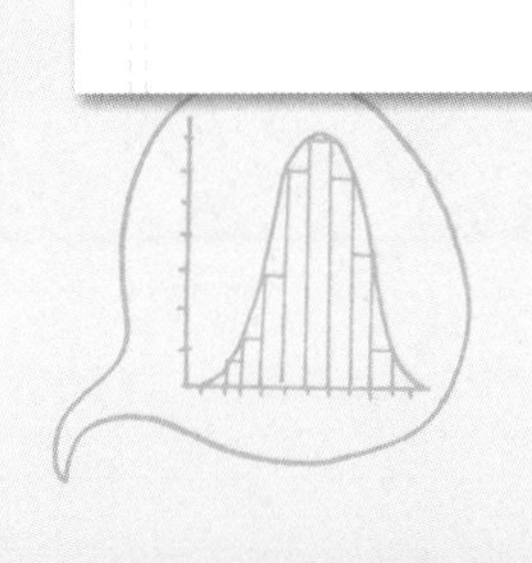

선생님! 이번
우리반 평균은
몇이에요?
85점이야.
1등이더구나.

우와~
2반을 이겼다!
야호!

근데 선생님은 별로
기쁘지 않으신가 봐요.
평균만 높으면
뭐하니? 우리 반
분산이 제일 크더구나.

그랬군요.
분산이 뭐지?
뭘까?

선생님! 우리 반에는
못하는 학생만큼
잘하는 학생도
많으니까, 잘하는
친구가 못하는 친구를
도와주면 되잖아요!
그러면, 다음 시험에는
분산이 제일 작은
반이 될 거예요!

그래. 효제 말에
일리가 있군요!
선생님과 효제가
지금 무슨 말
하는 거야?
훌쩍

너희들 분산이
무엇인지 몰라?
그거 새로
나온 게임이야?

에휴~ 분산은 평균으로부터 분포하고 있는
점수를 말해. 분산이 크면 평균에서 멀리 떨어진
점수가 많은 거고, 분산이 작으면 점수들이
평균과 가깝게 있는 거지.
우와~ 효제! 대단하다!

부록
SF 동화

열두 살에 CEO가 된 선우

"어서 오세요~ 행복 피자입니다!"

"안녕하세요. 여기가 이선우 학생이 직접 경영하는 피자 가게죠?"

"네, 맞습니다. 제가 이선우인데요."

"아! 선우 학생이군요. 우리는 방송국에서 왔습니다."

"우와~ 방송국이요? 혹시 우리 가게가 맛있다는 소문을 듣고 오셨나요?"

"네, 물론이지요. 그리고 무엇보다 이선우 학생을 취재하고 싶었어요. 요즘 인터넷 블로그에 성공하는 기업 경영 방침을 올려 네티즌에게 인기가 좋던데요. 호호."

"아, 별말씀을요. 그냥 우리 가족처럼 아무것도 없는 상태에서 장사를 시작하시는 분들에게 도움을 드리고 싶어서 시작했어요."

"네, 우리는 바로 그 사연을 듣고 싶어서 왔어요. '천재 사업가', '최연소 CEO'라는 별명을 가진 이선우 학생이 어려운 환경을 딛고 일어선 성공담을 말이지요. 요즘처럼 경제가 힘들 때, 많은 사람에게 희망이 될 것 같아요."

"네, 사실 저는 처음부터 CEO가 아니었어요. 그저 평범한 학생일 뿐이었죠. 그런 제가 이렇게 성공할 수 있었던 이유는 첫째는 저희 집이 많이 가난해서였고, 둘째는 평소 수학시간에 통계공부를 잘 해두었기 때문이에요."

"통계라고요?"

사업 성공의 비결이 무엇이냐는 기자들의 질문에 '통계'를 이용했기 때문이라고 말했더니 기자가 무척 놀랐다. 그들은 어린 나보다도 통계에 대해 잘 모르는 것 같았다. 경영을 할 때 통계가 얼마나 많이 사용되는지를 설명하기 위해 나의 경영에 대한 긴 이야기를 풀어놓기 시작했다.

오래 전부터 내 소원은 반찬 냄새가 안 나는 옷을 입어 보는 것이었다. 우리 엄마 이름은 '최반찬', 동네 사람들이 우리 엄마가 만드는 반찬이 제일 맛있다고 지어준 애칭이다. 옆집의 이발소 아저씨도, 앞집의 떡집 할머니도 우리 엄마를 '최반찬 여사'라고 부른다. 엄마의 음식 솜씨가 뛰어난 건 사실이다. 여태껏 우리 엄마보다 맛있는 반찬을 만드는 사람을 못 봤으니까. 한때는 이런 엄마가 너무 자랑스러웠다. 그러나 이곳으로 이사를 오면서부터 상황이 달라졌다.

우리 가족은 원래 건너편 아파트에 살았다. 그런데 아버지가 다니시던 회사가 어려워지면서 직원수를 대폭 줄였는데, 안타깝게도 우리 아버지가 정리해고를 당하셨다. 아버지는 처음에는 우리들을 위해서 무엇이든 해 보시려고 여기저기 일자리를 알아봤지만 생각만큼 쉬운 일이 아니었다.

결국, 우리는 전에 살던 아파트를 팔고 학교 앞으로 이사했다. 우리가 이사한 집은 가게와 붙어 있는 집이었다. 학교 정문의 오른쪽으로 시원하게 뚫린 큰길이 있는데, 우리 가게는 그 큰길 두 번째에 위치해 있다.

가게 안으로 들어오면 작은 방이 2개 있는데 큰 방은 부모님이 쓰시고, 작은 방은 동생과 내가 쓰고 있다. 동생과 갑자기 한 방을 쓰게 되어서 불편한 점도 많았지만, 잠

들기 전에 서로 이런저런 이야기를 나눌 수 있다는 것과 악몽을 꾸다가 눈을 떴을 때 옆에 동생이 있어 안심할 수 있다는 것이 좋았다.

이곳은 전에 살던 아파트처럼 깔끔하지는 않았지만 이웃들의 인심이 좋았다. 하지만 한 가지 불편한 점이 있었는데, 그건 바로 엄마가 반찬 가게를 한다는 것이다. 집과 가게가 함께 붙어 있다 보니, 하교길에도 돌아가거나 어떻게 할 방법이 없어서 곤란했다.

그리고 엄마가 반찬을 만들어 팔기 시작하면서부터 내 옷에는 언제나 반찬 냄새가 배어 있었다. 김치, 마늘장아찌, 젓갈 냄새가 내 곁을 떠나지 않았다. 친구들은 매일 다양한 색깔의 옷을 바꿔 입고 오는데 비해, 나는 똑같은 옷에 다양한 반찬 냄새만 바꿔 입고 다니는 셈이었다.

매일 집을 나서면서 아빠가 쓰시던 향수를 몰래 뿌려보기도 했지만, 이상하게도 반찬 냄새만은 사라지지 않는 것 같았다.

하지만 반찬 냄새보다도 더 큰 문제는 친구들은 아직도 내가 예전 아파트에 살고 있는 줄 안다는 것이다. 그리고 학교 앞 인심 좋은 표정의 최반찬 여사가 우리 엄마라는 사실은 아무도 몰랐다. 그래서 우리 가게를 지날 때면 일부러 먼 산을 보며 걸었고, 엄마도 그런 나를 굳이 아는

체하지 않으셨나.

한번은 이런 일이 있었다. 여느 때처럼 친구들과 학교를 나와 가게 앞을 지나는데, 승호가 이렇게 말했다.

"요즘 세상에 누가 반찬 가게에서 반찬을 사? 인터넷에서 사면 훨씬 싸고 편한 데."

평소에도 자기 아버지가 해외 출장을 다녀오시면 이거 사왔다 저거 사왔다며 자랑을 해서 사람 속을 긁어 놓더니, 승호의 무심한 한마디에 내 자존심은 와르르 무너졌다. 엄마가 반찬 가게를 하는 것을 자랑스러워한 것도 아니었고, 평소에 나도 승호와 같은 생각을 했기 때문에 승호의 말이 일리가 있다고 여겨 두 볼이 불끈거리고 참을 수 없는 수치심을 느꼈다.

그날 집에 와서 엄마에게 말했다.

"엄마! 우리, 반찬 가게 말고 다른 거 하면 안 돼? 장사도 잘 안 된다고 했잖아."

"얘 좀 봐. 엄마가 할 줄 아는 게 맛있는 반찬 만드는 건데, 이거라도 하지 않으면 뭘 먹고 살겠니?"

"다른 건 몰라도 반찬 가게만큼은 싫어! 요즘은 반찬도 인터넷에서 사 먹는대! 엄마가 파는 반찬이 아무리 맛있다 하더라도 아파트에서 여기까지 사러 오는 사람은 없어, 없다고!"

엄마에게 소리를 지르고 내 방으로 달려오는데 왈칵 눈물이 났다. 내 마음을 몰라주는 엄마 때문이기도 했고, 얄미운 승호의 얼굴이 생각나서이기도 했지만, 내가 한 말에 엄마의 표정이 슬퍼지는 것을 보았기 때문이다.

엄마도 알고 있었다. 요즘은 반찬을 사기 위해 아파트에서 여기까지 오는 부지런한 아줌마들은 드물다는 것, 그리고 우리 가게가 월세를 내기에도 빠듯할 정도로 장사가 잘 되고 있지 않다는 것을……. 그래도 엄마는 찾아오는 손님들에게 친절하게 웃었고, 가격에 비해 넉넉하게 반찬을 담아 팔았다. 언젠가는 우리 가게의 맛과 인심을 사람들이 알아줄 거라고, 그런 날이 오면 모든 게 잘 될 거라고 기대하면서 말이다. 2년 동안 엄마는 그 기대를 버리지 않으셨다.

다음날, 어제 엄마에게 화풀이한 게 미안해서 아침밥을 먹고, 아빠 향수를 몰래 뿌린 뒤 부리나케 집을 나서려던 중이었다.

“선우야, 그동안 힘들었지? 매일 아침 반찬 냄새 때문에 아빠 향수 뿌리고 가는 거 엄마는 알고 있었어. 네가 부끄러워하는 줄은 알고 있었지만, 아무 내색도 없길래 일부

러 모른 척 하고 싶었던 거야. 그동안 네 입장을 생각하지 않아서 미안하구나. 사춘기라서 더욱 힘들었지. 엄마 이제 반찬 가게 안 할게. 네가 원하는 걸로 바꿀 거야. 그러니까 이제는 선우가 엄마를 많이 도와줘야 한다."

나는 뛸 듯이 기뻤다. 그리고 동생과 함께 어떤 일이 좋을지 의논했다.

"선영아, 무슨 장사를 해야 할까? 장사가 잘 되면서도 우리가 당당하게 말할 수 있는 것이 뭘까?"

"오빠, 우선 우리 마음대로 추측할 게 아니라 우리 가게 주변에 무엇이 있는지부터 살펴봐야 할 거 같아. 라이벌이 많으면 안 되니까. 그리고 소비자가 주로 어떤 사람들인지도 파악해야 하고, 여러모로 주변 상황들에 대해서 통계를 내는 게 먼저일 것 같아."

"아, 그렇겠다! 그럼 일주일 동안 우리 가게 주변을 조사해보자!"

동생과 나는 일주일 동안 가게 앞을 지키며 주변 가게들의 업종을 조사했고, 우리 가게 앞을 지나가는 사람들에 대해서도 기록했다. 우리는 마치 탐정이라도 된 것처럼 하루 종일 가게 앞을 지키고 조사했다. 그때는 몰랐지만 이것이 경영의 기초가 되는 '시장 조사'와 '소비자 분석'이라는 것이었다.

미래 사업을 위한 조사표

(1) 우리 가게에서 100m 이내의 가게

떡집, 이발소, 목욕탕, 사진관, 중국집, 문방구 2개, 서점, 빵집, 슈퍼 2개, 오락실, 피씨방, 과일가게, 분식점, 세탁소

(2) 우리 가게에서 100m 이내의 건물

유치원, 초등학교, 중학교, 고등학교, 경찰서, 학원 10개, 독서실 2개

(3) 우리 가게를 지나가는 사람들

	학생(명)	남자어른(명)	여자어른(명)
첫째 날	1001	22	25
둘째 날	1203	20	49
셋째 날	1300	31	32
넷째 날	1012	12	38
다섯째 날	1249	19	35
여섯째 날	1177	34	27
일곱째 날	1024	23	11

※ 화장실에 가거나 심부름 등의 급한 용무가 있을 때엔 세지 못함.
※ 한꺼번에 여러 명이 지나갈 때는 눈짐작으로 대충 셈.

하지만 조사 자료만 가지고서는 소비자나 주변 가게에 관한 뚜렷한 경향을 알 수 없었다. 그래서 조사한 자료를 표와 그래프로 나타내 보았다. 우리는 며칠 간 조사한 내용을 담은 통계표와 그래프를 엄마에게 보여드렸다. 그것은 다음과 같다.

주변 가게 업종

업종	위생관련	음식점	기초생활	유흥	교육
개수	2개	4개	3개	2개	3개

주변 주요 건물

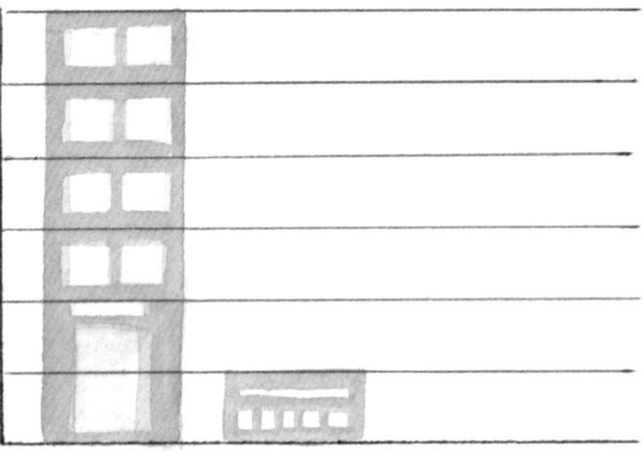

가게 앞을 지나가는 사람들(일주일 평균)

사람	학생	남자어른	여자어른
평균			
	1138명	23명	31명

(1) **표**

학생 남자어른 여자어른

(2) **그래프**

평균 구하는 방법

자료값을 모두 더한 뒤, 그 값을 자료의 개수로 나눈다.

$$\frac{\text{첫째 날 사람 수}+\text{둘째 날 사람 수}+\cdots+\text{일곱째 날 사람 수}}{7}$$

“우리 가게 앞을 지나는 사람이 온통 학생들이구나. 학생들을 상대로 하는 장사를 했어야 했는데, 그것도 모르고 반찬을 제일 잘 만든다고 반찬 가게나 하고 있었으니…….”

“그게 바로 내가 하고 싶은 말이야. 학생들이 좋아하는 걸 팔아야 해, 엄마!”

“오빠! 그럼 분식점이 어때? 튀김이나 떡볶이는 어느 학교 앞이든지 손님이 많잖아!”

“그게 말이 되냐? 바로 건너편에 분식점이 있는데, 경쟁자가 없는 장사를 해야 해. 더군다나 우리는 개업이기 때문에 단골손님조차 없잖아!”

‘학생들이 좋아하는 업종’, ‘경쟁 가게가 없는 업종’. 이것이 바로 우리집을 다시 일으켜 줄 보물이었다. 하지만 새 업종을 찾는 일은 쉽지 않았다.

엄마는 마땅한 업종이 생각날 때까지 당분간 가게를 쉬기로 했다. 새로운 장사를 위해 엄마는 스스로에게 휴가를 주기로 한 것이다.

엄마가 휴가로 쉬시는 동안 우리 가족은 함께 외출을 했다. 아버지가 직장을 다니실 때는 한 달에 한두 번씩 영화도 보고 외식도 하곤 했는데, 오랜만에 함께 나오니 마치 그때로 돌아간 기분이었다.

영화를 본 우리 가족은 저녁을 먹기 위해 피자가게에 들렀다. 그때였다.

“여보! 우리가 왜 진작 이 생각을 못했을까? 피자 어떻소? 피자라면 어른보다는 아이들이 좋아하니 학생들을 대상으로 잘 팔릴 테고, 우리 가게 주변에 아직 피자가게는 없잖소!”

“아빠 말이 맞아요! 우리들은 피자라면 자다가도 일어나잖아요. 더군다나 엄마가 만드는 녹차피자는 진짜 쫄깃하고 맛있어요! 피자가 몸에 안 좋다며 못 먹게 하는 어른들도 녹차피자라면 사먹으라며 용돈을 주실 거예요.”

“녹차피자라면 내가 정말 잘 만들지! 그럼, 학생들이 부담스럽지 않도록 미니 사이즈로 구워서 파는 건 어떨까? 간식삼아 들고 다니며 먹을 수 있도록 말이야. 니희들 생각은 어떠니?”

“좋아요! 내일부터 당장 시작해요, 엄마!”

그리하여, 우리 최반찬 여사는 3년 간 하던 반찬가게의 이름을 ‘엄마손 녹차피자’로 바꾸었다.

엄마손 녹차피자는 불티나게 잘 팔렸다. 엄마의 음식 솜씨와 넉넉한 인심이 학생들의 마음을 사로잡았다. 엄마는 아이들로부터 피자 마더라고 불리울 정도로 호응이 좋았다. 엄마 혼자서는 일손이 부족해 아빠까지 거들기 시작했다. 엄마도 아빠도 동생도 이대로 가다가는 금방 부자가 되겠다며 기뻐했다.

하지만 나는 좀 더 욕심이 났다. 녹차피자 하나로도 장사는 잘 되었지만, 더 좋은 일이 필요했다. 그래서 과일피자를 떠올렸다. 요즘 학생들이 육류 위주의 식습관 때문에 비타민 섭취가 필요하다는 뉴스를 보고 생각해낸 아이디어였다. 요즘 같은 웰빙 시대에 녹차피자와 과일피자를 사 먹는다면 어떤 부모라도 용돈을 주실 테니, 과일피자

의 성공은 당연하게 느껴졌다.

하지만 아이들의 생각은 하나같이 '반대'였다. 그 이유는 피자 토핑으로 과일을 사용하면 너무 달다는 것이었다. 그래서 우리 가족은 매일 밤, 과일피자의 적절한 당도를 찾기 위해 귤, 바나나, 포도, 딸기, 생크림을 이용해서 피자를 만들어 보았다. 과일 토핑은 어떤 과일의 비율이 많고 적은가에 따라서 단맛의 정도가 아주 달랐다. 그래서 토핑에 들어가는 과일의 비율을 그래프로 기록하기 시작했다.

녹차피자의 후속작인 과일피자의 인기는 정말 대단했다. 그것은 한달 간 과일피자의 맛있는 토핑 비율을 알아

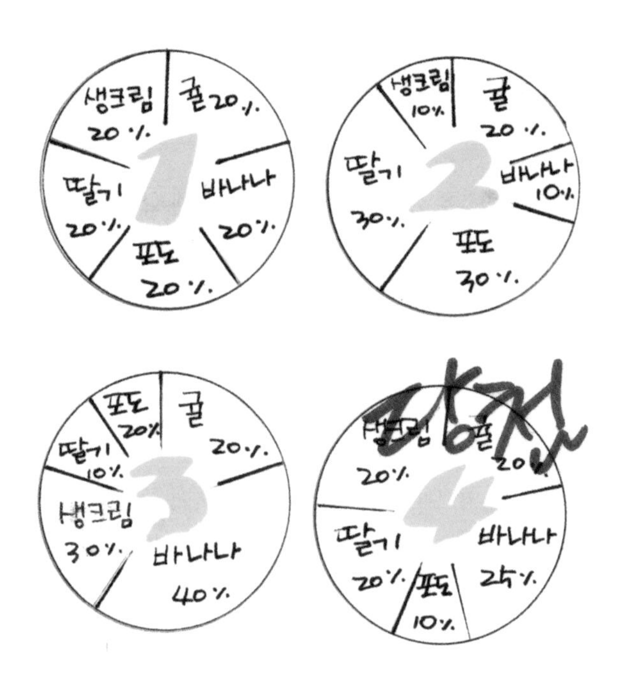

내기 위해 노력한 결과였다. 엄마는 진작부터 토핑의 비율을 그래프로 그려두길 잘했다며 나를 칭찬해 주셨다.

녹차피자와 과일피자를 찾아 가게 앞은 늘 학생들이 줄지어 서 있었다. 장사가 잘 되자, 엄마 아빠는 더욱 신이 나셔서 열심히 일하셨고 우리집에는 웃음소리가 끊이지 않았다. 나는 '이렇게 예전의 행복한 시절로 돌아가는구나'라고 생각했다.

그러던 우리집에 청천벽력 같은 일이 찾아왔다. 우리 가게 건너편에 해든아침 피자가게가 들어선 것이다. 프랜차이즈로 운영되는 이 피자가게는 서울에 본사가 있는데, 한국에서 피자 잘 만들기로 손꼽히는 가게였다. 우리 반 아이들은 흥분한 목소리로 학교 앞에 생길 해든아침 피자집에 대해 이야기를 나누었다. 우리 학교에서 나와 동생을 제외한 모두가 해든아침 피자집에 대한 기대로 가득 찬 것 같았다.

동네 사람들은 이제야 자리 잡기 시작한 우리 가게가 이런 일을 당해서 어쩌냐고 수군거렸다. 우리 가게 앞을 지날 때면 '녹차마더, 이제야 고생 끝인가 했더니 어째요?', '힘내세요. 좋은 일이 생기겠죠'라며 위로의 말을 아끼지 않았지만 그들 역시 해든아침 피자가게가 동네에 생

긴다는 것에 은근히 기대하는 눈치였고, 앞으로 우리 가게가 어떻게 될 것인지에 관심을 가지고 있었다.

"선우야, 엄마는 정말 속상해. 지금껏 어떻게 일군 가겐데. 이 모든 게 너희들이 도와줘서 여기까지 온 건데……."

"선우야 이번엔 무슨 좋은 아이디어가 없을까? 힘든 일이 있을 때마다 네가 잘 해결해 왔잖니. 아빠가 부끄럽구나."

부모님은 해든아침 피자집이 생기기 전에 가게를 정리하려는 눈치셨다. 하지만 난 그대로 포기할 수 없었다. 처음에는 단순히 냄새나는 반찬가게가 너무 싫어서 그것을 피하려고 시작한 피자가게였지만 내가 처음 시작한 사업이기도 했기 때문에 여기서 그만두고 싶지 않았다. 가게를 경영하면서 터득한 교훈은 '경영은 통계를 바탕으로 한다'였다. 경쟁업체가 생기더라도 두 달 정도 더 버텨보자고 부모님을 설득했다.

"해든아침 피자가 아무리 유명해도 엄마손 피자만한 정은 없어요."

"엄마손 과일피자 2개, 녹차피자 1개 주세요. 이게 최고예요."

평소 엄마의 후한 인심에 고마워하던 학생들은 여전히

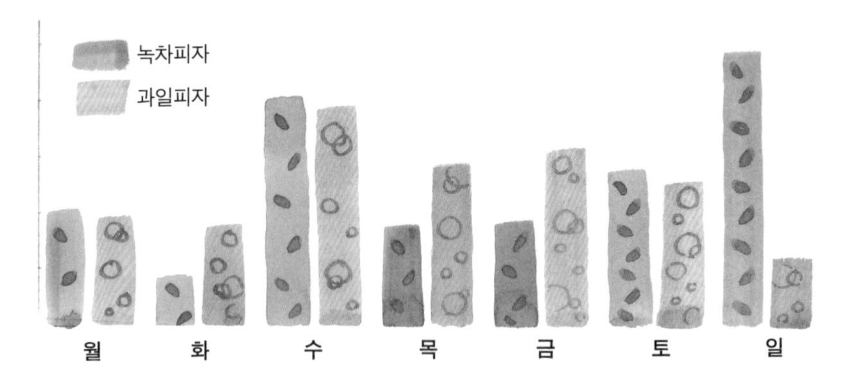

우리 가게를 찾아주었다. 하지만 가끔씩 옛맛이 그리워 찾아오는 몇 사람들을 다 합쳐봐야 해든아침 피자의 반에 반도 안 되는 매출이었다. 해든아침 피자의 위력은 대단했다. 개업날부터 시식회도 하고, 다량의 쿠폰을 돌리기도 했다. 더군다나 배달서비스까지 갖추고 있어서 저 건너편 아파트 일대의 손님까지 꽉 잡고 있었다.

하지만 나는 해든아침 피자의 활약에 굴하지 않고, 우리 가게의 매출현황에 대해 계속 분석했다. 두 달간 우리 가게를 찾는 손님과 매출현황을 꼼꼼히 기록했다. 매출현황을 분석하기 위해 다양한 방법으로 그래프를 그렸는데, 여기서 재미있는 사실을 알게 되었다.

전반적으로 매출량이 예전의 40%로 감소했지만, 요일에 따라 예전과 비슷한 판매를 보이는 경우가 있었다. 수

요일에는 두 피자 모두 예전과 비슷한 매출을 보였고, 일요일에는 녹차피자가 예전과 비슷하게 팔렸다.

그 이유를 생각해보니 수요일에는 대부분의 학교가 오전수업을 하고 급식을 하지 않고 하교를 했다. 배가 고픈 아이들이 집으로 걸어가며 먹기에는 미니 사이즈가 더 편했고, 그래서 이날만큼은 우리 피자를 찾는 것이었다. 또 일요일에는 근처 교회에서 할머니와 아주머니들의 모임이 많은데, 그분들은 몸에 좋고 담백한 우리 가게 녹차피자를 애용하셨다. 그래서 나는 요일별 쿠폰을 만들기로 했다.

또한, 매월마다 매출의 변화를 꺾은선그래프로 그려두었다가 매출이 떨어질 때마다 우리 가게의 피자를 찾는 사람들을 대상으로 '즉석 행운 당첨권'을 나누어 주었다. 행운권은 피자 하나당 한 장씩만 받을 수 있는데, '두 판 더', '한 판 더', '500원 할인', '꽝' 등 다양한 내용의 행운권이 들어 있었다. 이 행운권을 긁는 게 재미있는지 해든아침 피자를 선호하던 학생들이 점점 우리 엄마손 피자로 돌아오기 시작했다.

그리하여 우리 가게는 8월부터 해든아침 피자보다 더 많은 매출을 올리게 되었다. 해든아침 피자도 우리 가게를 이기기 위해 많은 이벤트를 했지만, 그때마다 나는 통

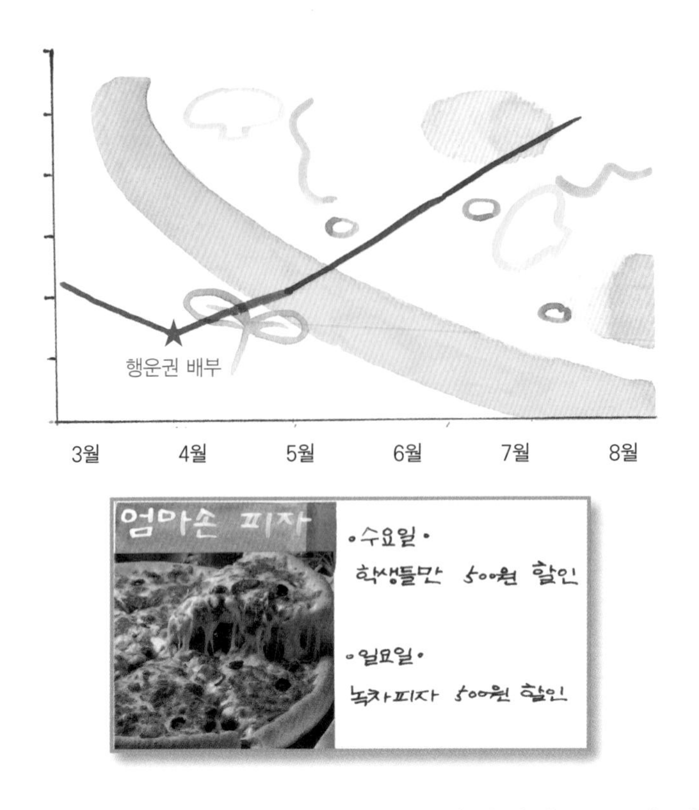

계를 활용하여 계속해서 새로운 아이디어를 통해 매출이 오르는데 온힘을 기울였다. 그 결과, 해든아침 피자는 우리 가게와 같은 소형 피자집을 상대로 경쟁하여 처음으로 적자를 보았다고 한다. 그 후 해든아침 피자는 옆 동네로 이사를 갔고, 우리 가게를 찾는 사람들이 늘어나 3층으로 건물을 확장했다.

그 후, 우리 가게는 '엄마손 피자'에서 '행복을 파는 피자'로 이름을 바꾸었다. 그 이유는 두 가지인데, 첫째는 피자를 파는 우리들도 피자를 먹으러 오는 손님들도 행복하기를 바라기 때문이며, 둘째는 자랑하는 것 같아 조금 쑥스럽지만, 매출의 일부를 우리와 같이 힘든 일을 겪는 사람들을 돕는 데에 기부하기로 했기 때문이다.

나는 중학교로 진급했고, 지금은 행복을 파는 피자 CEO로도 활동하고 있다. 잡지와 신문을 통해 나의 성공담이 전해지자, 우리 가게를 찾는 많은 사람들이 묻는다.

"학생! 어떻게 어린 나이에 이렇게 가게를 일으켰는가?"

그런 질문을 받을 때마다 나의 대답은 항상 이렇다.
"가난과 통계만 있으면 돼요. 가난은 경영에 대한 마음을 가르쳐주고, 통계는 경영에 대한 지식을 가르쳐주거든요."
엄마는 아직도 우리가 힘들었던 시절을 생각하시며, 친절하고 넉넉한 인심으로 열심히 장사를 하신다. 엄마는 주방에서 열심히 피자를 만들고, 아버지는 건너편 동네까지 종횡무진 쉬지 않고 배달을 하신다. 동생은 더 좋은 쿠폰을 만들기 위한 아이디어를 늘 연구하고, 나는 우리 가게 매출이나 변동사항을 꼼꼼히 체크하여 한 달에 한 번씩 통계를 내고 있다. 우리 가족은 모두에게 피자는 물론 행복을 팔기 위해 열심히 일하고 있으며, 예전보다 훨씬 행복해졌다. 더욱이 행복 피자와 함께 우리들의 행복을 나누었더니, 그 행복은 배가 되어 우리에게로 돌아왔다.

지금 어디선가 부모님의 어려운 사업을 도우려는 어린이나 자신만의 조그마한 사업을 시작하려는 어린이가 있다면, '통계'를 열심히 공부하여 '행복을 전하는 CEO'가 되어달라고 전하고 싶다.♡